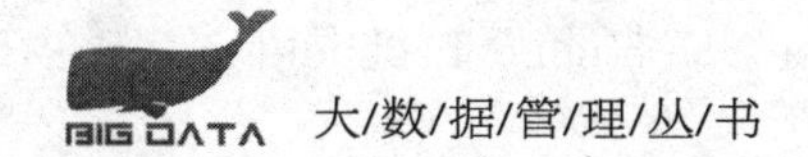

Advanced Metasearch Engine Technology

大规模元搜索引擎技术

[美] 孟卫一（Weiyi Meng）
於德（Clement T. Yu） 著
朱亮 译

机械工业出版社
China Machine Press

图书在版编目（CIP）数据

大规模元搜索引擎技术 /（美）孟卫一（Weiyi Meng），（美）於德（Clement T. Yu）著；朱亮译．—北京：机械工业出版社，2017.2（2017.11 重印）
（大数据管理丛书）
书名原文：Advanced Metasearch Engine Technology

ISBN 978-7-111-55617-6

I. 大…　II. ① 孟…　② 於…　③ 朱…　III. 元搜索引擎　IV. ① TP391.3　② G254.928

中国版本图书馆 CIP 数据核字（2016）第 316026 号

本书版权登记号：图字：01-2016-5928

本书广泛而深入地介绍了大规模元搜索引擎技术，详细讨论了大规模元搜索引擎的主要部件——搜索引擎选择、搜索引擎加入和结果合并，重点关注部件的高度可扩展性和自动化解决方案。作为 Web 搜索的竞争技术，本书对大规模元搜索引擎技术的可行性进行了强有力的论证。

本书可作为高等院校 Web 数据管理和信息检索等 Web 技术相关课程的教材，也可作为 Web 搜索领域的研究人员和开发人员的参考书。

出版发行：机械工业出版社（北京市西城区百万庄大街 22 号　邮政编码：100037）
责任编辑：盛思源　　责任校对：李秋荣
印　　刷：北京文昌阁彩色印刷有限责任公司　　版　　次：2017 年 11 月第 1 版第 2 次印刷
开　　本：170mm × 242mm　1/16　　印　　张：10
书　　号：ISBN 978-7-111-55617-6　　定　　价：69.00 元

凡购本书，如有缺页、倒页、脱页，由本社发行部调换
客服热线：（010）88378991　88361066　　投稿热线：（010）88379604
购书热线：（010）68326294　88379649　68995259　　读者信箱：hzjsj@hzbook.com

‖丛书前言

当下大数据技术发展变化日新月异，大数据应用已经遍及工业和社会生活的方方面面，原有的数据管理理论体系与大数据产业应用之间的差距日益加大，而工业界对于大数据人才的需求却急剧增加。大数据专业人才的培养是新一轮科技较量的基础，高等院校承担着大数据人才培养的重任。因此大数据相关课程将逐渐成为国内高校计算机相关专业的重要课程。但纵观大数据人才培养课程体系尚不尽如人意，多是已有课程的“冷拼盘”，顶多是加点“调料”，原材料没有新鲜感。现阶段无论多么新多么好的人才培养计划，都只能在20世纪六七十年代编写的计算机知识体系上施教，无法把当下大数据带给我们的新思维、新知识传导给学生。

为此我们意识到，缺少基础性工作和原始积累，就难以培养符合工业界需要的大数据复合型和交叉型人才。因此急需在思维和理念方面进行转变，为现有的课程和知识体系按大数据应用需求进行延展和补充，加入新的可以因材施教的知识模块。我们肩负着大数据时代知识更新的使命，每一位学者都有责任和义务去为此“增砖添瓦”。

在此背景下，我们策划和组织了这套大数据管理丛书，希望能够培养数据思维的理念，对原有数据管理知识体系进行完善和补充，面向新的技术热点，提出新的知识体系/知识点，拉近教材体系与大数据应用的距离，为受教者应对现代技术带来的大数据领域的新问题和挑战，扫除障碍。我们相信，假以时日，这些著作汇溪成河，必将对未来大数据人才培养起到“基石”的作用。

丛书定位：面向新形势下的大数据技术发展对人才培养提出的挑战，旨在为学术研究和人才培养提供可供参考的“基石”。虽然是一些不起眼的“砖头瓦块”，但可以为大数据人才培养积累可用的新模块(新素材)，弥补原有知识体系与应用问题之前的鸿沟，力图为现有的数据管理知识查漏补缺，聚少成多，最终形成适应大数据技术发展和人才培养的知识体系和教材基础。

丛书特点：丛书借鉴 Morgan & Claypool Publishers 出版的 Synthesis Lectures on Data Management，特色在于选题新颖，短小精湛。选题新颖即面向技术热点，弥补现有知识体系的漏洞和不足(或延伸或补充)，内容涵盖大数据管理的理论、方法、技术等诸多方面。短小精湛则不求系统性和完备性，但每本书要自成知识体系，重在阐述基本问题和方法，并辅以例题说明，便于施教。

丛书组织：丛书采用国际学术出版通行的主编负责制，为此特邀中国人民大学孟小峰教授(email：xfmeng@ruc.edu.cn)担任丛书主编，负责丛书的整体规划和选题。责任编辑为机械工业出版社华章分社姚蕾编辑(email：yaolei@hzbook.com)。

当今数据洪流席卷全球，而中国正在努力从数据大国走向数据强国，大数据时代的知识更新和人才培养刻不容缓，虽然我们的力量有限，但聚少成多，积小致巨。因此，我们在设计本套丛书封面的时候，特意选择了清代苏州籍宫廷画家徐扬描绘苏州风物的巨幅长卷画作《姑苏繁华图》(原名《盛世滋生图》)作为底图以表达我们的美好愿景，每本书选取这幅巨卷的一部分，一步步见证和记录数据管理领域的学者在学术研究和工程应用中的探索和实践，最终形成适应大数据技术发展和人才培养的知识图谱，共同谱写出我们这个大数据时代的盛世华章。

在此期望有志于大数据人才培养并具有丰富理论和实践经验的学者和专业人员能够加入到这套书的编写工作中来，共同为中国大数据研究和人才培养贡献自己的智慧和力量，共筑属于我们自己的“时代记忆”。欢迎读者对我们的出版工作提出宝贵意见和建议。

大数据管理丛书

主编：孟小峰

大数据管理概论

孟小峰　编著

2017年5月

异构信息网络挖掘：原理和方法

[美]孙艺洲(Yizhou Sun)　韩家炜(Jiawei Han)　著

段磊　朱敏　唐常杰　译

2017年5月

大规模元搜索引擎技术

[美]孟卫一(Weiyi Meng)　於德(Clement T. Yu)　著

朱亮　译

2017年5月

大数据集成

[美]董欣(Xin Luna Dong)　戴夫士·斯里瓦斯塔瓦(Divesh Sriva-stava)　著

王秋月　杜治娟　王硕　译

2017年5月

短文本数据理解

王仲远　编著

2017 年 5 月

个人数据管理

李玉坤　孟小峰　编著

2017 年 5 月

位置大数据隐私管理

潘晓　霍峥　孟小峰　编著

2017 年 5 月

移动数据挖掘

连德富　张富峥　王英子　袁晶　谢幸　编著

2017 年 5 月

云数据管理：挑战与机遇

[美]迪卫艾肯特・阿格拉沃尔(Divyakant Agrawal)　苏迪皮托・达斯(Sudipto Das)　阿姆鲁・埃尔・阿巴迪(Amr El Abbadi)　著

马友忠　孟小峰　译

2017 年 5 月

译者序

搜索引擎(search engine)已为人们所熟知。“Meta-”意为“……而上者，……之上者，……之后的，……超越的”；元搜索引擎(metasearch engine)即为“搜索引擎之上的搜索引擎”，最初起源于其结合多个搜索引擎的搜索范围的能力。大规模元搜索引擎有成千上万个成员搜索引擎，它具有克服主流搜索引擎局限性的潜力，可以获得更好、更新的搜索结果，并且能够访问深层网。创建和维护大规模元搜索引擎需要解决许多挑战性的问题。

Weiyi Meng 和 Clement T. Yu 是搜索引擎、信息检索及数据库相关领域的两位著名学者，尤其在大规模元搜索引擎方面做出了开创性的工作。本书广泛而深入地介绍了创建和维护大规模元搜索引擎的先进技术，注重其构造部件的高度可扩展性和自动化解决方案，其中包括他们及其团队开创性的工作。

本书分为 6 章：第 1 章介绍相关的概念、术语和知识；第 2 章概述典型大规模元搜索引擎的体系结构和主要部件；第 3 章集中讨论搜索引擎选择器；第 4 章讨论将搜索引擎加入元搜索引擎所需的技术，主要有两个问题，一是关于元搜索引擎与其每个成员搜索引擎之间建立通信的问题，二是关于从响应页面提取搜索结果记录的问题；第 5 章介绍各种搜索结果合并算法，从几个维度所涵盖的广泛场景讨论这些算法；第 6

章总结本书论述的主要内容，讨论元搜索引擎技术未来的发展方向，列出具有挑战性的、有待进一步研究的具体问题。

在本书的翻译过程中，得到了各位同仁的帮助和支持，在此深表谢意。刘大中教授、魏勇刚讲师、宋鑫讲师和王煜教授分别对第1章、第2章、第3章和第4章的翻译和相关问题的讨论做出了很大的贡献，并且提出了宝贵意见；马琴教授对译稿进行了校阅并提出了改进建议。本书的著者之一 Weiyi Meng 教授的鼎力支持和指导性建议，对完成本书的翻译工作起到了至关重要的作用。本套丛书的主编孟小峰教授和姚蕾编辑在翻译过程中给予了很大的帮助。

由于译者水平所限，译文中难免存在错误和不当之处，敬请读者批评指正。

朱亮

2016年9月

前 言

近年来，万维网(World Wide Web，简称 Web)已经成为最大的信息源，开发先进的搜索工具一直是因特网(Internet)技术的一项关键研究和开发工作。由于 Google 和 Yahoo! 等主流搜索引擎的普及，目前在 Web 上的搜索工具中，搜索引擎是人们最为熟知的。虽然这些主流搜索引擎非常成功，但也存在许多严重的局限性。例如，每个搜索引擎仅能覆盖 Web 上全部可用内容的一小部分；其基于爬虫的技术很难完全达到所谓的*深层网*(deep Web，也称为深网)，虽然这方面最近取得了很大的进展并且紧跟 Web 内容的变化和扩展而发展。

本书所介绍的大规模元搜索引擎技术具有克服这些主流搜索引擎局限性的潜力。元搜索引擎是一个支持统一访问一些现有搜索引擎的搜索系统。本质上，元搜索引擎将接收到的查询发送给其他的搜索引擎，当这些被调用的搜索引擎返回结果之后，元搜索引擎将这些结果聚集为一个排序列表并展现给用户。虽然开发元搜索引擎的最初动力是其结合多个搜索引擎的搜索范围的能力，但它还有更多的益处，如可以获得更好、更新的结果，能够访问深层网。

本书重点关注*大规模元搜索引擎*(large-scale metasearch engine)的概念。这种元搜索引擎连接成千上万个搜索引擎。构建和维护大规模元搜索引擎需要*先进的元搜索引擎技术*，使其一些关键部件具有高度可扩展性和自动化解决方案。本书的目的就是广泛而深入地介绍大规模元搜索引擎技术，对作为 Web 搜索的竞争技术的大规模元搜索引擎技术的可行性进行了强有力的论证。本书将详细讨论大规模元搜索引擎的主要部件：*搜索引擎选择*，这一部件用于识别最有可能为任何给定查询提供有用结果的各个搜索引擎；*搜索引擎加入*，这一部件与各个搜索引擎进行交互，包括从元搜索引擎发送查询给本地搜索引擎以及从不同的搜索引擎返回的响应页面中提取搜索结果；*结果合并*，这一部件将不同搜索引擎返回的结果合并为一个排序列表。大规模元搜索引擎技术包括高度准确和可扩展的搜索引擎选择算法、高度自动化的搜索引擎加入技术和高效的结果合并方法。

本书可作为 Web 数据管理和信息检索等 Web 技术相关课程的部分内容，也可作为 Web 搜索领域的研究人员和开发人员的参考书。

致谢

对数据管理系列丛书编辑 M. Tamer Özsu 博士表示衷心的感谢，他仔细阅读了全部书稿，并提出了非常有价值及建设性的建议，这些建议对改进本书有很大的帮助。感谢 Hongkun Zhao 和 Can Lin，他们阅读了部分书稿并提出宝贵意见。还要感谢本书的编辑 Diane Cerra 在写作过程中给予的帮助。

Meng Weiyi 和 Clement T. Yu

2010 年 11 月

作者简介

孟卫一（Weiyi Meng） 目前是美国纽约州立大学宾汉姆顿分校计算机科学系的教授。他于 1992 年获得美国伊利诺伊大学芝加哥分校计算机科学专业的博士学位。他已经发表了 100 多篇论文，是《Principles of Database Query Processing for Advanced Applications》的合著者之一。他担任过多个国际会议的主席或程序委员会主席，是 50 多个国际会议程序委员会的委员。他是《World Wide Web Journal》杂志的编委，并且是 WAIM 国际学术会议系列的指导委员会成员。近年来，他的研究方向为元搜索引擎、Web 数据集成、基于因特网的信息检索、信息提取和情感分析。在大规模元搜索引擎方面，他做出了开创性的工作。他是一家因特网公司（Webscalers）的创始人之一并兼任该公司的总裁，该公司研发的 AllInOneNews 是世界上最大的新闻元搜索引擎。

於德（Clement T. Yu） 美国伊利诺伊大学芝加哥分校的计算机科学系教授。他的研究方向包括多媒体信息检索、元搜索引擎、数据库管理以及医疗保健应用。他在这些领域已经发表了 200 多篇论文，是《Principles of Database Query Processing for Advanced Applications》的合著者之一。他担任过 ACM SIGIR 的主席，作为分布式和异构环境及文档检索查询处理领域的专家顾问，具有丰富的经验。他曾任美国国家自然科学基金咨询委员会成员，是《IEEE Transactions on Knowledge and Data Engineering》《Journal of Distributed and Parallel Databases》《International Journal of Software Engineering and Knowledge Engineering》和《WWW：Internet and Web Information Systems》等杂志的编委。他还担任过 ACM SIGMOD 国际会议的主席和 ACM SIGIR 国际会议的程序委员会主席。他是 Webscalers 和 PharmIR 两家因特网公司的创始人之一。

目 录

第1章

绪言

近年来，万维网(World Wide Web，环球信息网，环球网，网络或 Web)已经成为最大的信息源。世界各地的人们经常使用 Web 查找所需要的信息。实际上，Web 已经成为人们日常生活的重要组成部分。

从 1990 年 Web 出现以来，它一直在非常迅速地发展。Web 可以分为表层网(surface Web)和深层网(deep Web，也称为深网；或 hidden Web，隐藏网)。表层网是指可以公开和直接访问的，而无须通过注册、登录或搜索引擎接口的 Web 页面(Web page，或称为网页)集合。通常，每个这样的网页都有一个静态逻辑地址，称为统一资源定位符(Uniform Resource Locator，URL)。表层网中的网页通常被超链接(hyperlink)链接起来。通过超链接，这些网页可以被普通 Web 爬虫(Web crawler)[㊀]访问到。表层网的准确大小尚未可知，然而被索引的 Web 是表层网的一个子集，根据 2010 年 8 月 http://www.worldwidewebsize.com/的估计，这一子集所含的网页数目可达 550 亿之多。深网的网页不能被一般的 Web 爬虫爬取。这些网页包含的 Web 内容或者不能被公开访问或者

㊀ Web 爬虫将在 1.3.2 节讨论。

是动态生成的。例如，考虑如下情形，某出版商收集了很多以数字格式存放的文章，但是没有把它们放在表层网(即没有针对它们的静态URL)，访问它们只能通过出版商的搜索引擎，因而这些文章属于深网。使用数据库系统存储的数据动态生成的网页也属于深网。截至2009年[Zillman，P.，2009]，深网的网页大概有1万亿(1 trillion)。表层网和深网都在迅速扩展。

从20世纪90年代早期开始，如何帮助普通用户从Web查找到所需信息已经成为Web技术领域的中心议题之一。这些年来，众多的研究者和开发者创建了许多搜索引擎，它们已经成为深受人们喜爱的可在Web上查找所需信息的工具。搜索引擎通常是拥有一个简单查询接口的易于使用的工具。用户在搜索引擎的查询界面输入其查询——通常是反映用户信息需求的几个单词，然后搜索引擎从其文档或数据库中找出最佳匹配。根据搜索数据的类型，搜索引擎可分为文档驱动的搜索引擎和数据库驱动的搜索引擎。前者搜索文档(网页)，而后者通过基于Web的搜索接口从数据库系统搜索数据项。数据库驱动的搜索引擎主要应用于电子商务，如购买汽车或书籍。本书仅关注于搜索文本文档的情形。

由于Web规模巨大且扩张快速，每个搜索引擎仅能覆盖其一小部分。例如，最大的网络搜索引擎之一的Google(http://www.google.com/)能够搜索多达350亿网页(http://www.worldwidewebsize.com/)，但这仍然是整个Web的一小部分。人们普遍观察到的一个现象是不同搜索引擎覆盖Web的不同部分，虽然这些部分有重叠。一个增加网络搜索范围的有效方法是组合多个搜索引擎的搜索范围。执行这种组合的系统称为元搜索引擎(metasearch engine)。一个元搜索引擎可视为支持统一访问多个现有搜索引擎的系统。在一个使用元搜索引擎的典型场景中，用户提交查询给元搜索引擎，元搜索引擎将查询传递给它的成员搜索引擎；当元搜索引擎从成员搜索引擎收到返回的搜索结果时，就将这些结果合并为一个排序列表，并将它们展示给用户。

虽然本书主要介绍大规模元搜索引擎技术，但是读者了解典型的搜索引擎如何工作仍然是重要的。搜索引擎的核心技术源自计算机科学领域中所熟知的信息检索（information retrieval）或文本检索（text retrieval）。本章首先简要讨论在 Web 上查找信息的不同方法，然后回顾文本检索和搜索引擎技术的一些基本概念和算法。本章最后一节将给出本书其余部分的概述。

1.1 Web 上查找信息

Web 上查找信息有两种基本模式：浏览(browsing)和搜索(searching)。绝大多数 Web 用户(如果不是全部的话)都使用过这两种方法从网上查找所需信息。本节就这两种模式展开讨论。

1.1.1 浏览

浏览包含两个步骤：找到一个开始页面和跟随当前页面里的链接。若用户已经知道开始页面的 URL，则可直接在 Web 浏览器的地址栏输入该页面的 URL。许多用户把经常访问页面的 URL 保存在浏览器的书签或收藏夹列表里。在此情况下，用户也可以从书签列表启动开始页。用户可以记住或保存在书签列表中的 URL 数目是非常有限的。另一个广泛使用的寻找开始页面的技术是搜索(searching)，其中搜索是通过一组词(term)来进行的，然后将搜索引擎返回结果中的一个页面作为开始页面。因此，用户在查找所需信息时经常同时使用搜索和浏览。确定开始页面后，该页面成为当前页面，用户可以点击当前页面中任何可点击文本，进而展示嵌入该可点击文本下的 URL 所对应的页面。可点击文本也称为锚文本(anchor text)，因为这个文本是写在 HTML 锚标签<a href="URL">和</a>之间的文本。锚文本可能提供关于其所对应页面内容的线索。

为了方便浏览，门户网站、Web 站点和网页的开发者有责任使基于浏览的信息查找尽可能容易。雅虎(Yahoo!)可能是最流行的Web门户网站，它把数以百万计的网页和Web站点分门别类，并且把它们组织成层次结构。因为类别的层次结构可以通过从一个层次到下一个层次迅速缩小信息的范围，从而减少查找信息的时间。许多Web站点还提供一个站点地图(sitemap)，它以层次的方式展示可访问页面使得浏览更容易。在具体的网页中，每个链接的锚文本应该提供被链接页面内容的足够信息。

1.1.2 搜索

搜索是因特网(Internet，或国际互联网)上第二个最常见的活动，仅次于发送和接收电子邮件。搜索由三步组成：确定所用的搜索引擎；形成一个查询；浏览返回结果列表以确定相关结果。第三步是相当直接的，因为大多数搜索引擎返回的结果都包含足够的信息让用户确定是否值得进一步检查完整的页面。下面我们将讨论如何确定合适的搜索引擎以及如何形成适当的查询。

1. 确定合适的搜索引擎

大多数用户都熟悉Web上的一个或多个主流搜索引擎。根据comScore (http://www.comscore.com/) 2010年8月发布的报告[comScore report，2010]，在美国最受欢迎的搜索引擎是：Google (http://www.google.com/)、Yahoo! (http://www.yahoo.com/)、Bing (http://www.bing.com/)、Ask (http://www.ask.com/) 和 AOL (http://www.aol.com/)。它们分别占据了65.4%、17.4%、11.1%、3.8%和2.3%的搜索市场。然而，Web搜索引擎实际上数以百万计，只有少量的通用搜索引擎致力于提供针对整个Web的搜索覆盖。大多数搜索引擎限定在小范围搜索。例如，大多数机构，如大学、报纸和图书出版商都有自己的搜索引擎，仅覆盖与其自身相关的Web内容。作为另一个例子，还有很多专业领域或垂直搜索引擎覆盖一个特定领域或子领域Web内容，如医药、新闻、电影和体育。另外，还有搜索引擎覆盖深网的内容。特定的小领域的搜索引擎常常会比主流搜索引擎返回更相关和更新的结果，因为它们的搜索范围更集中且较小的数据集更容易更新。此外，深网搜索引擎返回的结果往往从主流搜索引擎无法得到，因为主流搜索引擎主要搜索表层网。

从上面对搜索引擎的分析可以看出，对于给定的信息需求，选定一个合适的搜索引擎为我所用并非易事。首先，大多数用户甚至不知道存在大量的搜索引擎。目前 Web 上所有搜索引擎的完整目录尚不存在。在 CompletePlanet（http://aip. completeplanet. com/）上列出的当前最完整目录中大约有 70 000 个搜索引擎，其中有一小部分被认为是可用的。其次，对 Web 上所有搜索引擎没有系统的质量评价。因此，对于普通用户而言很难知道哪个搜索引擎最适合其信息需求。由于这些困难，大多数用户仅使用一些流行的搜索引擎解决其搜索需求。具有较多经验的用户通常根据个人的经验和别人的建议可以找到更合适的搜索引擎。然而，拥有一个所有搜索引擎的完整目录及这些搜索引擎质量评价的信息并使之成为 Web 基础设施的一部分是一件很好的事。如果能有一个像常规搜索引擎一样易用的搜索引擎推荐系统，那就更好了。

2. 形成适当的搜索查询

文档驱动的搜索引擎通常有一个简单的查询接口——一个允许用户输入查询的文本框和一个提交按钮。对提交给搜索引擎的用户查询的分析表明大多数用户提交简短的查询——这暗示大多数用户很少或根本没有培训过如何填写好的查询。例如，通过对 1998 年提交给 AltaVista 搜索引擎(http://www. altavista. com/)的大约 10 亿个查询的分析，显示了以下关于 Web 搜索查询的有趣特征[Silverstein et al.，1999]：

- 查询通常很短：查询词的平均个数是 2.35，约 26%的查询只有单个词，不到 13%的查询超过 3 个词。
- 大多数查询不包含算符：大约 80%的查询没有使用任何算符。

一些算符被搜索引擎广泛支持，包括布尔 AND，即一个网页必须包含所有的查询条件才能满足查询；布尔 OR，即一个网页必须包含至少一个查询条件；布尔 NOT，即一个网页必须不包含 NOT 所限定的查询词。一些搜索引擎也支持某些形式的邻近查询(proximity query)，这种查询把“指定查询中的一些词需要在 Web 页面中彼此接近”作为查询条件。

用户可以按照以下建议提高其查询的质量：

1)避免提交歧义查询。一个查询如果有多个非常不同的解释就是歧义的。例如，查询“windows”可能被解释为微软的 Windows 操作系统或建筑的窗户。避免歧义查询的有效方法是避免使用过短的查询。使用较长的查询就有更多的词通过上下文帮助确定每个查询词的正确含义。有证据表明，越来越多的用户提交较长的查询。到 2007 年年底，提交给 Google 的查询词的平均个数首次达到 4 个[Ussery，B.，2008]。

2)使用合适的算符。如果用户打算经常使用某个搜索引擎，那么他就值得努力找出该搜索引擎支持的算符。不同搜索引擎的算符往往有不同的格式。此外，如果没有指定算符，许多搜索引擎使用默认算符。例如，Google 使用布尔 AND 作为默认算符。

在另一项研究中，根据对用户的调查，Broder[Broder，A.，2002]分析了用户查询所蕴含的需求，发现用户提交查询给搜索引擎时经常有各种不同的需求。基于这项研究，Broder 根据搜索需求把 Web 查询分为以下三类。

1)导航查询。这种类型的查询旨在找到一个用户心中特定的 Web 页面或 Web 站点。例如，查询“Binghamton University”的目的是找到 Binghamton 大学的主页，也就是说，http://www.binghamton.edu/。这个主页以外的任何页面将不认为是正确的。通常，用户提交这种查询时知道他们所寻找的那些 Web 页面，或许由于他们以前访问过那些页面。

2)信息查询。这类查询旨在从 Web 上找到具体的信息，该信息可能分布在多个页面。只要检索出包含所需信息的页面中的一个，通常就能满足提交此类查询的用户。

3)事务查询。这类查询的目的是找到一个能完成某些事务的 Web 站点。事务的例子包括购物、下载音乐和电影、注册某些服务。

根据对 1000 个查询的分析，48%的查询是信息查询，30%是事务查询，20%是导航查询[Broder，A.，2002]。

分析用户查询的目的是设计更好的查询处理技术。

1.2 文本检索概述

对于给定的查询，文本(信息)检索解决从文本文档的集合中查找相关(有用)文档的问题。文本检索技术对 Web 搜索引擎有深刻而直接的影响。事实上，第一代搜索引擎(约 1995—1997)几乎是完全基于传统文本检索技术构建的，其中 Web 页面被视为文本文档。在本节中，我们简要概述经典文本检索中的一些基本概念。此概述主要基于向量空间模型（vector space model），其中文档和用户查询均表示为具有权重的词向量[Salton and McGill，1983]。想更多了解这个主题的读者请参考相关教材，如[Salton and McGill，1983]、[Frakes and Baeza-Yates，1992]、[Manning et al.，2008]和[Croft et al.，2009]。

1.2.1 系统体系结构

一个基本的文本检索系统的体系结构如图 1-1 所示。文本检索系统的文档集合中的文档经过预处理，以便识别那些表示每个文档的词，收集关于这些词的某些统计数据并且以特定格式组织信息(即图 1-1 的索引)，使其易于快速计算每个文档和任一查询的相似度。

当收到用户查询时，首先文本检索系统识别表示查询的那些词，然后计算这些词的权重，这些权重反映了表达查询内容的词的重要性。于是，系统使用预先构建的索引计算查询和文档的相似度，并按相似度对文档降序排列。关于这些概念和操作的更多细节将在下面的几个小节中介绍。

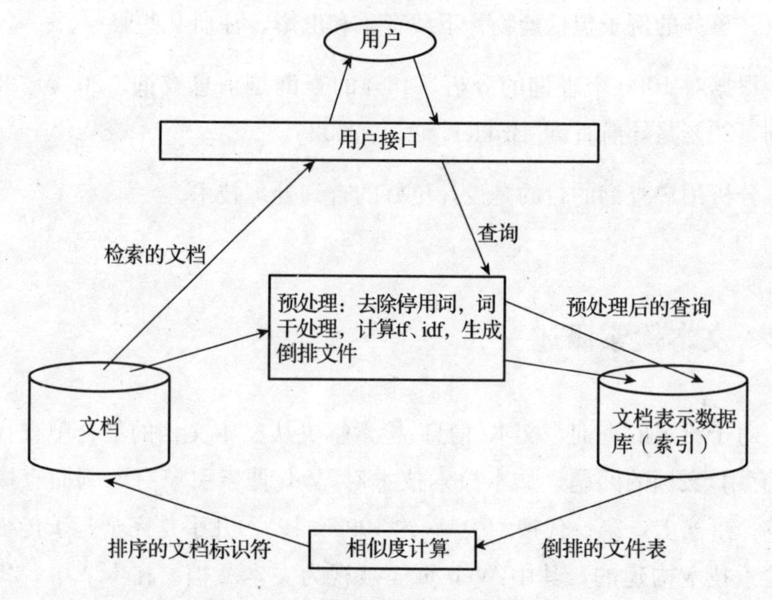

图 1-1　基本文本检索系统的体系结构

1.2.2　文档表示

一个文档的内容可以使用该文档中的一些单词(word)表示。有些单词如“a”“of”和“is”不包含主题的内容信息。这些单词称为停用词(stop word)，往往不使用。同一个单词(word)的变体可被映射到同一词(term)。例如，单词“compute”“computing”和“computation”能够用词“comput”表示。此操作可以通过词干处理程序(stemming program)来完成。词干处理程序删除词的后缀或用其他字符替换后缀。删除停用词和处理词干之后，每个文档可以在逻辑上表示为一个含有 n 个词的向量[Baeza-Yates，Ribeiro-Neto，1999]，其中 n 是文档集合中全部文档所含不同词的总数。应该注意的是，不同的文本检索系统常常使用不同的停用词表和词干处理算法。目前很多搜索引擎并不删除停用词。此外，一个词(term)并不意味着一个单词(word)，它可以是一个词组(phrase)。

假设文档 $\boldsymbol{d}$ 表示为向量$(d_1,\cdots,d_i,\cdots,d_n)$，其中 d_i 是一个数值(称为权重，weight)，描述第 i 个词在表示该文档内容时的重要性。若一个词不出现在 $\boldsymbol{d}$ 中，则其权重为零。当一个词出现在 $\boldsymbol{d}$ 中时，其权重的计算通常基于两个因素，即词频(term frequency，tf)因素和文档频率(document frequency，df)因素。一个文档中的一个词的 tf 表示在此文档中这个词的出现次数。直觉上，一个词的 tf 越高，该词越重要。因此，一个文档中的一个词的词频权重(term frequency weight，tfw)通常是这个词 tf 的单调增加函数。一个词的 df 是整个文档集合中包含这个词的文档的个数。通常，一个词的 df 越高，在区分不同文档时其重要性越低。这样，一个词关于 df 的权重通常是 df 的单调减少函数，所以称为逆文档频率权重(inverse document frequency weight，idfw)。一个词在某个文档中的权重是它的词频权重和逆文档频率权重的乘积，即 tfw×idfw。文档中词的权重也可能受其他因素影响，如它出现在文档中的位置。例如，如果这个词出现在文档的标题中，权重可能会增加。

文本检索的典型查询也是文本。所以，同样，它可以视为一个文档，也可使用上述方法转换为一个 n 维向量。

1.2.3 文档-查询匹配

当所有文档和一个查询都表示为相同维数的向量之后，就可以使用一个相似度函数来计算这个查询向量和每个文档向量之间的相似度。若文档对应的向量与查询向量有很高的相似度，则那些文档就会被检索。用 $\boldsymbol{q}=(q_1,\cdots,q_n)$和 $\boldsymbol{d}=(d_1,\cdots,d_n)$分别表示一个查询向量和一个文档向量。

一个简单的相似度函数是如下的点乘(内积)函数：

$$\mathrm{dot}(\boldsymbol{q},\boldsymbol{d})=\sum_{i=1}^{n}q_i d_i \tag{1-1}$$

当文档与查询有更多相同的重要词时，这个函数赋予文档更高的相似度。但这个简单的相似度函数存在一个问题——它偏向较长的文档，因为这些文档更有可能包含查询中的词。解决该问题的一种通用方法是用内积函数除以这两个向量(即文档向量和查询向量)长度的乘积。新的相似度函数就是众所熟知的余弦函数(cosine function)[Salton and McGill，1983]：

$$\cos(\boldsymbol{q},\boldsymbol{d})=\frac{\sum_{i=1}^{n} q_i d_i}{\sqrt{\sum_{i=1}^{n} q_i^2}\sqrt{\sum_{i=1}^{n} d_i^2}} \tag{1-2}$$

两个向量的余弦函数有一个几何解释——它是两个向量之间夹角的余弦值。换句话说，余弦函数度量了查询向量和文档向量之间的角距离。当两个向量都有非负权重时，余弦函数总是返回一个属于[0,1]区间的值。当查询和文档不共享词(即当这两个向量的夹角是 90^0)时，其值为 0；当查询向量和文档向量相同或一个向量是另一个的正值常数倍时(即当角度为 0^0)，其值为 1。

还有其他的一些相似度函数，其中某些函数还考虑那些查询词在文档中的邻近度。这些查询词在文档中出现的位置越接近，文档越可能具有查询本身的含义，因而查询和文档之间的相似性就应该更高。为支持基于邻近度的匹配，对于任何给定的一个文档和一个词，这个词在该文档的所有位置需要被收集并存储起来成为搜索索引的一部分。

还有其他几个文本检索模型。在基本的布尔检索模型(Boolean retrieval model)中，文档检索基于它们是否包含查询词，而不考虑词的权重。一个布尔查询可以包含一个或多个布尔算符(AND、OR 和 NOT)。在概率模型(probabilistic model)中[Robertson and Sparck Jones，1976；Yu and Salton，1976]，对文档的排序是按照文档相关于查询的概率降序排列。基于查询词在相关和不相关文档的分布，进行概率估计。基于概率模型最广泛使用的相似度函数是 Okapi 函数[Robertson and Walker，1999]。近年来，语言模型也成功地应用于信息检索[Ponte and Croft，1998；Zhai and Lafferty，2004]。在这种方法中，对于一个给定的查询，根据估计的每个文档生成该查询的概率，将文档按概率降序排序。也存在一些其他语言模型[Croft et al.，2009]。

1.2.4 查询处理

直接计算一个查询和每个文档之间的相似度是低效的，因为大多数文档与给定查询之间没有任何共同词，计算这些文档的相似度是资源浪费。为提高计算效率，我们预先创建一个*倒排文件索引*(inverted file index)。对于每个词 t_i，生成并存储一个有表头的*倒排表*(inverted index)，形式为 $I(t_i)=[(D_{i1},w_{i1i}),\cdots,(D_{ik},w_{iki})]$，其中 D_{ij} 是包含 t_i 的文档标识符，w_{iji} 是 D_{ij} 中 t_i 的权重($1\leqslant j\leqslant k$)，k 是包含 t_i 的文档个数。此外，散列表(一个类似于表的数据结构)可以用来把每个查询词映射到该词倒排表的表头。利用倒排文件和散列表，对于与任何查询有非零相似度的所有文档可以实现高效的相似度计算。具体来说，考虑一个有 m 个词的查询。对于每个查询词，可用散列表查找这个词的倒排表的地址。这 m 个倒排表包含了计算该查询与含有至少一个查询词的所有文档之间的相似度所需的全部必要信息。

一种广泛使用的查询处理策略是*每次一文档策略*(document-at-a-time strategy)[Turtle and Flood，1995]，也就是说，每次计算一个文档的相似度，而只有那些包含至少一个查询词的文档才予以考虑。这种策略的基本思想如下。在许多文本检索系统中，倒排文件太大不能存储在内存中，因而存储在磁盘上。如果倒排文件存储在磁盘上，那么当开始处理一个查询时，需要首先把此查询的所有词的倒排表调入内存。然后计算至少包含一个查询词的那些文档的相似度，一次一个文档。假设一个查询有 m 个词。每个词对应一个倒排表，包含这个词的文档的标识符在倒排表中按升序排列。如下面的例 1.1 所示，可使用倒排表进行 m 路合并方法计算相似度。由于同步扫描 m 个倒排表，所以对于查询处理，扫描每个查询词的倒排表一次即可。

例 1.1 图 1-2 显示了一个*文档-词矩阵*(document-term matrix)的

示例，文档集合包含5个文档和5个不同的词。为简单起见，权重用了原始词频，内积函数将用于计算相似度。

	t_1	t_2	t_3	t_4	t_5
D_1	2	1	1	0	0
D_2	0	2	1	1	0
D_3	1	0	1	1	0
D_4	2	1	2	2	0
D_5	0	2	0	1	2

图1-2　文档-词矩阵

从图1-2中的矩阵，可以得到如下倒排文件表：

$$I(t_1)=[(D_1,2),(D_3,1),(D_4,2)]$$
$$I(t_2)=[(D_1,1),(D_2,2),(D_4,1),(D_5,2)]$$
$$I(t_3)=[(D_1,1),(D_2,1),(D_3,1),(D_4,2)]$$
$$I(t_4)=[(D_2,1),(D_3,1),(D_4,2),(D_5,1)]$$
$$I(t_5)=[(D_5,2)]$$

设q为一个查询，包含两个词t_1和t_3且权重都是1(即它们每个恰好出现一次)。

现在应用每次一文档策略计算文档对于q的相似度。首先把两个查询词的倒排表取到内存。当取到$I(t_1)=[(D_1,2),(D_3,1),(D_4,2)]$和$I(t_3)=[(D_1,1),(D_2,1),(D_3,1),(D_4,2)]$之后，以同步方式考虑出现在倒排表中的每个文档。第一个同时出现在两个表中的文档是D_1(即D_1同时包含t_1和t_3)。文档D_1关于查询的相似度可以用内积计算，权重是2(对于t_1)和1(对于t_3)，内积$\mathrm{dot}(q,D_1)=1\times2+1\times1=3$。两个表的下一个词分别是($D_3$，1)和($D_2$，1)。因为$D_2<D_3$(根据文本标识符排序)，所以先考虑$D_2$。可以确定$D_2$不含$t_1$。因此，仅基于($D_2$，1)计算$D_2$的相似度$\mathrm{dot}(q,D_2)=1\times1=1$。一旦($D_2$，1)处理完，考虑$I(t_3)$的下一个词($D_3$，1)，从$I(t_1)$和$I(t_3)$获取的信息计算$D_3$的相似度，$\mathrm{dot}(q,D_3)=1\times1+1\times1=2$。类似地，$D_4$相似度为$\mathrm{dot}(q,D_4)=1\times2+$

$1\times2=4$。因为$(D_4, 2)$是两个表的最后一词，所以相似度计算结束。 ■

另一个著名的查询处理策略是*每次一词策略*(term-at-a-time strategy)[Turtle and Flood，1995]。这种策略一个接一个地处理查询词的倒排表。当一个查询词的倒排表处理完后，这个词对文档的总体相似度(即查询与每个包含这个词的文档之间的相似度)的贡献就都被计算出来了，然后把该贡献加到已经处理过的那些查询词的贡献中。当所有查询词的倒排表全部处理之后，若一个文档包含至少一个查询词，则查询与该文档的最终相似度就被计算出来了。

例 1.2 我们用例 1.1 的文档和查询示例来说明每次一词策略。假设首先考虑查询词 t_1。我们首先得到 $I(t_1)$。因为 $I(t_1)$包含 D_1、D_3 及 D_4，所以当 t_1处理完后，得到下面的中间相似度：$\text{dot}(q,D_1)=1\times2=2$，$\text{dot}(q,D_3)=1\times1=1$，$\text{dot}(q,D_4)=1\times2=2$。对于 t_3，我们得到 $I(t_3)$。通过把 t_3的贡献加到前面得到的部分相似度，得到最终相似度：$\text{dot}(q,D_1)=2+1\times1=3$，$\text{dot}(q,D_2)=0+1\times1=1$，$\text{dot}(q,D_3)=1+1\times1=2$ 及 $\text{dot}(q,D_4)=2+1\times2=4$。 ■

有许多剪枝策略可以用来减少上述两种基本策略的计算开销[Turtle and Flood，1995]。

1.2.5 检索有效性度量

用户提交一个查询，文本检索的目标是找到那些*相关*(relevant)于或有用(useful)于用户的文档并将其排在前面。文本检索系统的检索有效性经常使用*召回率*(recall)和*查准率*(precision)这一对数值来度量。对于一个给定的用户查询，假设文档集的相关文档集合已知，那么，召回率是检索到的相关文档比率，查准率是检索出的文档中相关文档的比率。例如，对一个查询，假设有 10 篇相关文档，在 20 个检索出的文档中有 6 篇相关，那么，对此查询，召回率是 6/10＝0.6，查准率是 6/20＝0.3。

为评价一个文本检索系统的有效性，经常使用一组测试查询。对于每个查询，提前确定相关文档的集合。对每个测试查询，对每个不同的召回率得到一个查准率。通常只考虑 11 个召回率值：0.0，0.1，…，1.0。对所有测试查询，每个召回率值对应的查准率的平均值计算出来之后，就可以得到平均的召回率-查准率曲线。

针对文本检索系统，还有许多其他检索有效性的度量。在搜索引擎的背景下，通常不可能知道测试查询的全部相关文档。在这种情况下，基于一定的靠前排序(top ranked)结果，可以使用一些面向查准率的度量。例如，对于某个给定的 n，可以用 n 查准率来计算前 n 排序(top n ranked)结果的查准率。读者可以参阅书籍[Voorhees and Harman, 2005]获得关于评估方法学和评估度量的更多信息。

1.3 搜索引擎技术概述

最早的 Web 搜索引擎基本上就是网页文本检索系统。然而，Web 环境中有一些特征，使得构建现代搜索引擎与构建传统文本检索系统显著不同。在本节中，简要概述这些特征以及基于利用这些特征的搜索引擎构建技术。

1.3.1 Web 的专门特性

下面是 Web 环境的一些特性，它们对搜索引擎的发展产生了重大影响。

1)Web 页面存储在大量的自治 Web 服务器中。需要一种方法来查找和获取这些 Web 页面，以便处理后供搜索用。

2)大多数 Web 页面是 HTML (HyperText Markup Language，超文本标记语言) 格式，HTML 标签通常传达了这些网页中词的丰富信息。例如，一个词出现在一个页面的标题中或一个词用特殊字体强调，这就暗示该词在表达该页面内容时是重要的。

3)Web 页面是相互链接的。从页面 P1 到页面 P2 的链接允许用户从 P1 浏览到 P2。这种链接还包含一些有用的信息来提高检索效率。第一，此链接表明两页的内容有较高的相关性[Davison，2000]。第二，P1 的作者认为 P2 是有价值的。第三，与链接相关的可点击文本，称为链接的*锚文本*(anchor text)，通常提供了一个链接页面的简短描述[Davison，2000]。

本节中还将讨论一个问题。该问题对搜索引擎和传统文本检索系统都非常重要，尤其对搜索引擎重要。该问题是关于如何组织搜索结果。

1.3.2 Web 爬虫

Web *爬虫*(Web crawler)是一个用来从远程 Web 服务器爬取网页的程序。它也称为 Web *蜘蛛*(Web spider)和 Web *机器人*(Web robot)。它们广泛用于构建搜索引擎的 Web 页面集合。

爬虫程序的基本思想很简单。每个网页都有一个标识网页位置的 URL(Universal Resource Locator，统一资源定位符)。一个典型的爬虫以一个或多个种子 URL 作为输入形成一个初始 URL 列表。然后，爬虫重复以下两个步骤直到没有新的 URL 或已经找到足够的页面：1)从 URL 列表取出下一个 URL，通过向服务器发出一个超文本传输协议(HyperText Transfer Protocol，HTTP)请求，与 Web 页面所在服务器建立连接并获取相应的 Web 页面；2)从每个获取的 Web 页面提取一些新的 URL 并将它们添加到 URL 列表中。爬虫获取 Web 页面可以采用深度优先或广度优先策略。若使用广度优先爬取，URL 列表以一个*队列*实现——新的 URL 总是添加到列表的最后。若使用深度优先爬取，URL 列表以一个*栈*实现——新的 URL 总是添加到列表的开始。

将仅与某个主题(比如体育)相关的一些新 Web 页面的 URL 添加到 URL 列表，Web 爬虫就变成了这个主题的*聚焦爬虫*(focused crawler)。聚焦爬虫对于创建特定领域的或垂直的搜索引擎是有用的[Chakrabarti et al.，1999]。为使聚焦爬虫有效，该爬虫需要准确地预测一个URL是否会带来与兴趣主题相关的一个或多个页面。一种对预测有用的技术是检查URL、URL相关的锚文本、锚文本相邻文本是否包含与主题相关的词。

实现Web爬虫的一个方面是能从一个Web页面中找出所有(新)的URL。这需要识别所有可能的HTML标签和可能拥有URL的标签属性。虽然大多数URL出现在锚标签(例如，〈a href="URL"…〉…〈/a〉)中，但有些URL也可以出现在其他标签中，例如选择标签〈option value="URL"…〉…〈/option〉、区域标签(映射)〈area href="URL"…〉…〈/area〉以及框架标签〈frame src="URL"…〉…〈/frame〉。出现在Web页面P中的一个URL经常不包含由Web浏览器定位这个相应Web页面所需的完整路径，而经常使用一个部分路径或相对路径。在这种情况下，爬虫需要使用相对路径以及相关P的基本路径来构建一条完整的路径。

在设计Web爬虫时，需要为由此获取Web页面的远程服务器着想。快速激发(rapid fire)(在短时间内从同一个服务器爬取大量的网页)可能会压垮一个服务器，等效于对服务器进行拒绝服务攻击。一个设计良好的Web爬虫应该控制从同一个服务器爬取多个页面的节奏，而从大量不同的服务器轮流爬取。考虑妥善的Web爬虫还应满足机器人排除协议(Robot Exclusion Protocol)，也就是说，不爬取Web服务器管理员不允许爬取的网站部分。Web服务器管理员可以通过Web服务器上名为robots.txt的文件指定能或不能爬取的内容目录。

为加快爬取或处理大规模的爬取结果，Web爬虫可以采用并行爬取和分布式爬取。并行爬取可以通过使用多线程或多台计算机从不同的服务器同时执行。分布式爬取使用在不同地理位置的多台计算机，每台计算机可以集中精力从邻近的Web服务器爬取网页，因而减少网络延迟使爬取更有效。

1.3.3 利用标签信息

大多数 Web 页面是 HTML 页面，HTML 语言包含一组标签，如 title 和 font。大多数标签成对出现，一个表示开始，另一个表示结束。例如，在 HTML 中标题的开始和结束标签分别是〈title〉和〈/title〉。在搜索引擎应用环境中，标签信息主要是用来帮助确定索引词的重要性，而这些索引词表示一个 Web 页面的内容。

1.2.2 节介绍了一种方法，该方法使用一个词的词频和文档频率信息计算在一个文档中这个词的权重。也可以使用标签信息来影响一个词的权重。例如，Web 页面作者经常使用**粗体字**、*斜体字*、下划线字以及各种颜色来突出显示一个 Web 页面中的某些词。这些词可以认为是更重要的而应给予较高的权重。相反，较小字体的词应给予较低的权重。其他标签，如 title 和不同级别的 header 也影响权重。许多著名的搜索引擎，包括 Google，给标题中的词分配更高的权重。

利用标签来调整词权重的一般方法如下所示[Cutler et al.，1999]。首先，所有的 HTML 标签的集合划分为若干子集。例如，标题标签本身可成为一个子集，所有列表标签（即“ul”“ol”和“dl”）可以组合在一起，所有的强调标签可以形成一个子集。其次，页面中词的出现情况被划分为若干类，每个标签子集为一个类。例如，所有出现在标题中的词形成一个类。此外，对每个网页 P，还可以形成其他两类。第一类包含出现在纯文本(即没有标签)中的词，第二类包含的词出现在与页面 P 的后向链接有关的锚文本中。设 n 是所形成类的个数。使用这些类，页面中的每个词的词频可以表示成一个词频向量(term frequency vector)：$\mathrm{tfv}=(\mathrm{tf}_1,\cdots,\mathrm{tf}_n)$，其中 tf_i 是在第 i 类中词出现的次数，$i=1,\cdots,n$。最后，可以给不同的类分配不同程度的重要性。设 $\mathrm{civ}=(\mathrm{civ}_1,\cdots,\mathrm{civ}_n)$表示类重要性向量(class importance vector)，civ_i 表示第 i 类的重要度，$i=1,\cdots,n$。基于向量 tfv 和 civ，传统的词频率权重公式可扩展为：$\sum_{i=1}^{n}\mathrm{tf}_i\times\mathrm{civ}_i$。这个公式考虑了在不同类中词的频率以及每个类的重要性。一个有趣的问题是如何找到最优的类重要性向量，从而可以得到最高的检索效率。有一种基于测试数据集的方法是凭经验寻找一个最优的或近似最优的 civ[Cutler et al.，1999]。

1.3.4 利用链接信息

传统文本检索系统中的文档和搜索引擎中的文档之间最显著的差异之一是 Web 页面之间存在大量的链接。如何利用链接信息来提高检索效率已经受到搜索引擎研究者和开发者的广泛关注。一些著名的方法都是基于利用这样的事实：从页面 P_1 链接到 P_2 表示 P_2 被 P_1 的作者认可。这些方法中最广为人知的是由 Google 的创始人提出的 PageRank 方法[Page et al.，1998]。这种方法试图找到不考虑页面的内容时每个 Web 页面的整体重要性。我们在本节描述该方法的基本思想。

PageRank 方法是将 Web 视为一个巨大的有向图 $G(V, E)$，其中 V 表示页面(顶点)集，E 表示链接(有向边)集。每个页面都有许多出向边(前向链接)和许多入向边(后向链接)。如上所述，当一个作者在页面 P_1 设置一个链接指向 P_2 时该作者认为页面 P_2 是有价值的。换句话说，这种链接可以视为对页面 P_2 投了一个支持票。一个页面可能有很多后向链接，它们可以按某种方式聚集起来以反映这个页面的整体重要性。页面的 PageRank 用以度量该页面在 Web 上的相对重要性，这种方法是基于链接信息来计算的[Page et al.，1998]。Web 页面的 PageRank 的定义和计算是基于以下三种主要思想。

1)有更多后向链接的页面可能更重要。直觉上，一个页面有更多的后向链接意味着它得到了更多 Web 页面作者的支持票。换句话说，一个页面的重要性应该通过页面在所有网页作者中受欢迎的程度来反映。

2)如果一个页面被更重要的页面指向，那么它的重要性应该增加。换句话说，不仅数量，还有后向链接的重要性也应该考虑。直觉上，重要网页可能会由重要作者或机构来发布。决定页面的重要性时，这些作者或机构认可的页面应该有更高的权重。这有两个含义。首先，一个页面的重要性应该传播到它指向的页面。其次，PageRank 的计算是一个迭代过程，因为一个页面的重要性受链接到它的一些页面的影响，同时这些页面本身的重要性也会受到指向它们的另一些页面的影响，等等。

3)如果一个页面获得指向它的其他页面的关注越专注，那么它从这些页面提供传播获得的重要性就应该越多。直观地说，当一个页面有更多的前向链接时，它对每一个链接页面的重要性的影响将更小。因此，如果一个页面有更多的子页面，那么它对每个子页面仅传播其重要性的较小部分。

从上面的讨论可知，以递归方式计算网页的 PageRank 是很自然的。一个页面 u 的 PageRank 的更加形式化的定义如下所述。设 F_u 表示页面 u 链向的页面的集合，B_u 表示指向 u 的页面的集合(见图 1-3)。对于集合 X，用 $|X|$ 表示 X 中元素的个数。u 的 PageRank，记为 $R(u)$，可用如下公式定义：

$$R(u)=\sum_{v\in B_u}\frac{R(v)}{|F_v|} \tag{1-3}$$

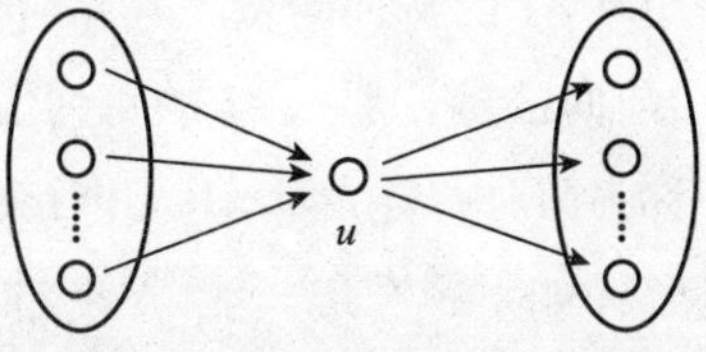

图 1-3 网页 u 及其邻接网页

不难看出，式(1-3)结合了上述三种思想。第一，求和反映了第一种思想，也就是说，更多的后向链接可能导致更大的 PageRank。第二，若页面 v 更重要(具有更大的 $R(v)$)，则表明 u 的 PageRank 的分子 $R(v)$变大。第三，分母 $|F_v|$ 意味着网页重要性被均匀分配并且传播到它指向的每一个页面。还要注意式(1-3)是递归的。

Web 页面图中 Web 页面的 PageRank 可如下计算。首先，给所有页面一个初始 PageRank 值。设 N 表示图中 Web 页面的个数。然后令 $1/N$ 作为每一页的初始 PageRank 值。其次，经过多次迭代应用式(1-3)计算 PageRank。在每次迭代时，计算一个页面的 PageRank 要使用前面已经计算过的指向它的网页的 PageRank。重复这个过程，直到所有页面的 PageRank 收敛到一个给定的阈值。设 $R_i(u)$ 表示页面 u 经过第 i 次迭代后的 PageRank，$R_0(u)$ 表示赋给 u 的初始 PageRank。那么，式(1-3)可以重写为：

$$R_i(u) = \sum_{v \in B_u} \frac{R_{i-1}(v)}{|F_v|} \tag{1-4}$$

式(1-4)可用矩阵表示如下。设 $\boldsymbol{M}$ 是一个表示 Web 图的 $N \times N$ 矩阵，其中 N 是图中 Web 页面的个数。若页面 v 有链接指向页面 u，则令矩阵项 $M[u,v]$ 为 $1/|F_v|$。如果没有从 v 到 u 的链接，那么 $M[u,v]=0$。令 $\boldsymbol{R}_i$ 为一个 $N \times 1$ 的向量，它表示第 i 次迭代后 N 个页面的 PageRank 向量。式(1-4)可以表示为：

$$\boldsymbol{R}_i = \boldsymbol{M} \times \boldsymbol{R}_{i-1} \tag{1-5}$$

其中 $\boldsymbol{R}_0$ 是全部项值为 $1/N$ 的初始 PageRank 向量。当 PageRank 收敛时，PageRank 向量是矩阵 $\boldsymbol{M}$ 的特征向量，其相应的特征值是 1。注意，如果每一页至少有一个前向链接，那么 M 的每列值的和是 1 且全部值都是非负的(这样的矩阵称为随机矩阵，stochastic matrix)。从另一个角度看，矩阵 $\boldsymbol{M}$ 的项可以解释如下：考虑一个 Web 冲浪者，每一步，冲浪者从当前页面随机选取链接到其子页面。因此元素 $M[u,v]$ 的值可以解释为从页面 v 经过一个向其子节点的随机行走(random walk)会到达页面 u 的概率。

现在考虑应用式(1-5)对页面 PageRank 的作用。假设 v 有一些子页面。当应用式(1-5)时，v 的 PageRank 传播到它的子页面。如果每个页面至少有一个前向链接，则所有页面的 PageRank 将被传递给它们的子页面。因为所有页面 PageRank 的总和初始为 1，所以每次迭代后这个总和会保持不变。假设通过多次应用式(1-5)，页面的 PageRank 收敛了。收敛后的每个页面的 PageRank 可以解释为该页面在 Web 图上随机行走时被访问的概率。

直接使用式(1-5)会有一个问题。也就是说，PageRank 能保证收敛仅当 $\boldsymbol{M}$ 是非周期的(即 Web 图不是单一的大回路)且不可约的(即 Web 图是强连通的)[Haveliwala，1999；Motwani and Raghavan，1995]。前者(即非周期性)对于 Web 的实际情况能够保证，而后者通常不成立。如果一个有向图中的任何两个不同的顶点都存在从一个顶点到另一个顶点(反之亦然)的有向路径，那么这个图就是强连通的。当 Web 图不是强连通的时，可能存在一些页面(或属于一个回路的页面集合)只有后向链接但没有前向链接。这些页面只能收到那些父页面的 PageRank 传播但不能传播到其他页面，这些页面称为 PageRank 汇点(sink)[Page et al.，1998]。PageRank 汇点的存在会导致总 PageRank 值的损失。解决这个问题的一种方法是在 Web 图中概念性地添加从每个页面到所有页面的链接并给每个这样的链接一个适当的正概率[Haveliwala，1999]。这种方法所赋予的链接概率应该使得修改后的 Web 图所对应的矩阵满足随机特征(即矩阵中每一列元素的总和是 1)。假设从页面 v 到页面 u 概念性地添加的链接具有概率 p。在随机行走模型中，这可以解释为当 Web 冲浪者在页面 v 时，可能以概率 p 跳转到页面 u。注意 v 和 u 可能是同一个页面。在这种情况下，跳转可以解释为使用 Web 浏览器刷新(refresh)或重载(reload)请求。

现在考虑如何给添加的链接赋予概率值。对于一个给定的页面 v，考虑以下两种情况。

1)在没有修改过的 Web 图中页面 v 没有前向链接。在这种情况下，Web 冲浪者只能使用添加的链接之一(即只能跳转)。一个合理的假设是 Web 冲浪者以相同的概率跳转到任何页面。因此，从页面 v 出发的每个添加链接的概率应该为 $1/N$。这相当于让矩阵中对应于页面 v 的列的所有元素为 $1/N$。

2)在没有修改过的 Web 图中页面 v 至少有一个前向链接，即 $|F_v| \geqslant 1$。基于矩阵 $\boldsymbol{M}$，给每个这样的链接分配概率 $1/|F_v|$。需要对这个概率进行调整，因为如果没有调整，任何新添加链接的概率只能是 0，表明

不可能跳转。用 c 表示一个满足 $0<c<1$ 的权重参数。那么对每个在没有修改过的 Web 图中链接的概率可从 $1/|F_v|$ 调整为 $c\times1/|F_v|$，而对每个从 v 新添加的链接赋给概率 $(1-c)\times1/N$。c 越接近 1，新添加链接的影响越小。容易知道这些概率之和为 1。

数学上，添加链接、给新添加的链接赋予概率值以及调整在没有修改过的 Web 图中原始链接的概率能够通过修改矩阵 $\boldsymbol{M}$ 得到如下新矩阵来实现：

$$\boldsymbol{M}^{*}=c(\boldsymbol{M}+\boldsymbol{Z})+(1-c)\boldsymbol{K} \tag{1-6}$$

其中 $\boldsymbol{Z}$ 是一个满足如下条件的 $N\times N$ 矩阵：对应页面 v 的列的所有元素要么是 $1/N$(如果 v 在没有修改过的原始 Web 图中没有前向链接)要么是 0(如果 v 在原始图中至少有一个前向链接)；$\boldsymbol{K}$ 是一个其所有元素都是 $1/N$ 的 $N\times N$ 矩阵；c 是 0 和 1 之间的一个常数。

当式(1-5)中的矩阵 $\boldsymbol{M}$ 被新矩阵 $\boldsymbol{M}^{*}$ 替代之后，关于 PageRank 汇点的问题将得以解决。计算网页 PageRank 的高效技术已经存在[Haveliwala，1999]。

最后，当收敛之后，可以规范化页面的 PageRank，也就是说，每个页面的 PageRank 除以所有页面中最大的 PageRank，使得每个页面的规范化 PageRank 在 0 和 1 之间。在这种情况下，PageRank＝1 的页面被认为是最重要的文档，而 PageRank＝0 的页面被认为是最不重要的。

例 1.3 考虑图 1-4 中的有向图。假设图的节点对应 Web 页面，有向边表示链接。现在计算每个页面的 PageRank。

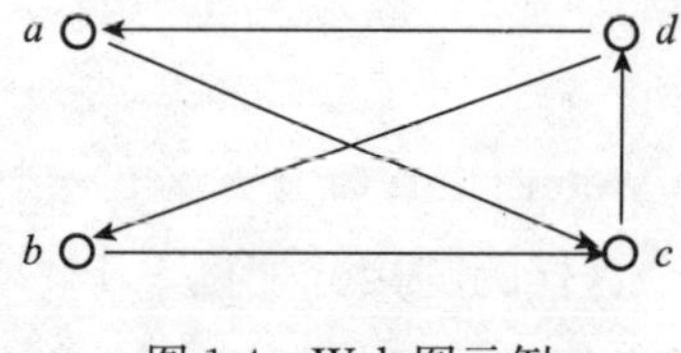

图 1-4 Web 图示例

根据图1-4，得到：

$$\boldsymbol{M}=\begin{pmatrix}0&0&0&1/2\\0&0&0&1/2\\1&1&0&0\\0&0&1&0\end{pmatrix}$$

由于每个节点至少有一个前向链接，所以矩阵 $\boldsymbol{Z}$ 的所有元素为0。因为有4个顶点，所以矩阵 $\boldsymbol{K}$ 的所有元素为1/4。假设式(1-6)中的常数 c 是0.8，那么新矩阵 $\boldsymbol{M}^*$ 为：

$$\boldsymbol{M}^*=0.8(\boldsymbol{M}+\boldsymbol{Z})+0.2\boldsymbol{K}$$

$$=\begin{pmatrix}0.05&0.05&0.05&0.45\\0.05&0.05&0.05&0.45\\0.85&0.85&0.05&0.05\\0.05&0.05&0.85&0.05\end{pmatrix}$$

假设所有页面都有的相同初始PageRank为0.25，即 $\boldsymbol{R}_0=(0.25, 0.25, 0.25, 0.25)_t$，其中 $\boldsymbol{V}^{\mathrm{T}}$ 表示向量 $\boldsymbol{V}$ 的转置。经30次迭代后，获得以下收敛的PageRank：$R(a)=R(b)=0.176$，$R(c)=0.332$，$R(d)=0.316$。注意页面 c 被2个网页所指，而其他每个页面只被1个页面所指。因此，页面 c 的PageRank高于其他页面。因为页面 d 被最重要页面 c 所指，所以页面 d 的PageRank高于页面 a 或页面 b 的PageRank。

■

PageRank的计算仅根据链接信息而没有考虑Web页面的内容。因此，对于每个查询，当搜索引擎要想检索到既重要又相关的Web页面时，必须把PageRank和基于内容的相似度(1.2.3节中讨论的那些相似度是基于内容的，因其计算是基于查询和文档内容的)一起使用。

1.3.5 结果组织

对于一个给定的查询，大多数搜索引擎按其估计的需求度(desirability)的降序排列组织检索结果。对于一个查询，一个页面的需求度可用许多不同的方式进行估计，如页面与查询的相似度，或包含页面的相似度及其 PageRank 的某种组合度量。一个相关的问题是如何在一个结果页面中表示*搜索结果记录*(Search Result Record，SRR)，这里 SRR 对应一个被检索的 Web 页面。针对每个被检索的网页，最常用的一些搜索引擎生成的 SRR 主要包括三方面信息：Web 页面的标题、Web 页面的 URL 和一段简短的摘要(称为*概览*，snippet)。其他信息，如发布时间和 Web 页面的大小也包含在一些搜索引擎的 SRR 中。有时，标题是一个具有 URL 编码的可点击文本。概览是一个简短的描述性文本，通常含有从 Web 页面中提取的大约 20 个单词。概览的作用是比标题提供更多关于 Web 页面内容的提示信息，以便用户能够就是否查看完整的 Web 页面做出更明智的决定。页面的概览往往是一个页面中以一个句子开始并包含较多查询词的文本片断。

一些搜索引擎把结果组织成组，使得每组网页有某些共同的特征，如有类似内容或来自同一个 Web 站点的在同一组中。当每组赋予信息标签时，特别是当查询有多个解释以及查询返回结果的个数很大时，这样的结果组织可以更方便用户从返回的结果找出有用的页面。一个众所周知的例子是 Yippy 搜索引擎(原名为 Clusty；http://search.yippy.com/)。它将每个查询返回的结果组织成组。实现一个在线的结果聚类算法时需要解决的一些问题包括：1)哪些信息(标题、URL、文档的概览)应该用于聚类？尽管更多的信息可以提高聚类的质量，但是由于需要较多的计算和通信开销，所以使用太多的信息可能导致用户获得结果的时间被长时间延迟。2)应使用什么标准进行聚类？可以基于 SSR 之间的相似度，也就是说，高度相似的结果应该分在一组。也可以基于查询的解释，也就是说，符合相同解释的应该分在一起。3)如何为每个组给出一个简短且有意义的标签？4)如何组织这些组？可以对它们按照线性或层次的排序。对于前者，线性序应该是什么？对于后者，如何生成层次结构？其中有些问题仍是研究的热点。

有些搜索引擎以图形化方式展示搜索结果，使得不同结果之间的联系一目了然。例如，Liveplasma 音乐和电影搜索引擎（http://www.liveplasma.com/）把结果显示为带有注释的图标，这些图标根据一些共同的特征（如有相同男主角的电影）分成组，并且用不同的链路进行连接（如其中一个链路可连接到电影的导演）。

1.4　本书概述

本书的其余部分将专注于大规模元搜索引擎技术。现在简述其余各章。

第2章首先概述一个典型的大规模元搜索引擎的主要部件。这些部件包括搜索引擎选择器、搜索引擎加入器和结果合并器。通过对元搜索引擎和主流搜索引擎两种搜索技术优点和缺点的仔细分析，这一章试图提出充分理由来阐述元搜索引擎技术可以作为主流搜索引擎之外的另一种可行搜索技术。最后，鉴于元搜索引擎构建于Web环境，这一章将对Web环境进行讨论，进而对构建大规模元搜索引擎所面临的挑战给出一些见解。

第3章集中讨论搜索引擎选择器。对任何给定的用户查询，这个部件的目标是在元搜索引擎使用的那些搜索引擎中，确定哪个搜索引擎最有可能返回有用的结果。这一章将解决三个重要的问题：如何代表每个搜索引擎的内容；如何使用代表信息选择搜索引擎；如何生成代表信息。这一章将介绍几种类型的方法但重点讨论使用搜索词的详细统计数据来代表搜索引擎内容的方法。

第4章讨论把搜索引擎加入元搜索引擎所需的技术。将涉及两个主要问题。第一是关于元搜索引擎与其每个成员搜索引擎之间建立通信的问题。基本上，一个元搜索引擎需要把用户查询传给每个成员搜索引擎，根据每个成员搜索引擎格式要求进行必要的查询格式改变，并接收每个成员搜索引擎返回的响应页面。第二个问题是关于从响应页面提取搜索结果记录，每个记录对应于一个检索页面。这一章将介绍几种结果提取技术。

第 5 章介绍各种搜索结果合并算法。这些算法沿着几个维度涵盖广泛的场景。第一个维度是有关使用每个结果的何种类型信息进行合并，信息种类可从每个结果的本地排序，到每个结果的标题和概览，到每个结果的完整文档。一些合并算法同时使用多种类型的信息。第二个维度是各成员搜索引擎返回查询的文档之间的重叠度，范围可从没有重叠到有一些重叠，到完全相同的文档集。

第 6 章总结本书主要论述的内容，讨论元搜索引擎技术未来的发展方向，列出一些具有挑战性的有待研究的具体问题。

第2章

元搜索引擎体系结构

元搜索引擎是一个提供统一方式访问多个现有搜索引擎的搜索系统。该系统基于*元搜索*(metasearch)概念，元搜索是实时在线搜索多数据源的模式。元搜索与*联合搜索*(federated search)的含义非常相似，这两个术语有时可以互换。元搜索引擎有时也称为*搜索代理*(search broker)，因为它在搜索信息的用户和一组搜索引擎之间充当“中间人”的角色[Craswell，N.，2000]。元搜索引擎与*分布式信息检索*(distributed information retrieval)[Craswell，N.，2000]和*联合搜索系统*(federated search system)[Shokouhi and Si，2011]密切相关，尽管它们之间存在一些差异，这些将在2.1节中讨论。

Web元搜索概念从20世纪90年代初就出现了。最早的元搜索引擎之一(如果不是最早的话)MetaCrawler(http://www.metacrawler.com/)首次开发于1994年。此后，大量的元搜索引擎被开发出来并用于Web。本章及随后的章节将提到其中一些元搜索引擎。

本章对元搜索引擎技术进行一般性讨论。2.1节介绍可供参考的元搜索引擎体系结构。该结构包含所有主要的系统部件，并且描述每个部件的功能。2.2节比较元搜索引擎技术与搜索引擎技术，并深入分析其优缺点。其目的是提供一个令人信服的论点，即元搜索引擎技术，特别是大规模元搜索引擎技术，具有搜索引擎不具备的优越和独特的功能，使其能够在越来越重要的 Web 搜索领域扮演重要的角色。2.3 节对元搜索引擎构建和操作的 Web 环境进行仔细分析，目的是弄清楚构建元搜索引擎特别是大规模元搜索引擎将会遇到的困难和挑战。

2.1 系统体系结构

搜索文本文档的元搜索引擎可分为两种类型：通用元搜索引擎和专用元搜索引擎。前者旨在搜索整个 Web，而后者专注于在特定领域搜索信息(例如，新闻、招聘)。

构建每个类型的元搜索引擎有两种方法：

- **主流搜索引擎方法**。这种方法使用少数的热门主流搜索引擎来构建元搜索引擎。因而，使用这种方法构建通用元搜索引擎，可以使用少量的主流搜索引擎，如 Google、Yahoo!、Bing(MSN)和 Ask。类似地，在特定领域建立一个专用元搜索引擎也可以使用这种方法，使用该领域的主流搜索引擎。例如，在新闻领域可以使用 Google News、Yahoo! News、Reuters 等。
- **大规模元搜索引擎方法**。这种方法使用大量的以小搜索引擎为主的搜索引擎来构建元搜索引擎。例如，使用这种方法，我们可以想象用 Web 上所有文档驱动的搜索引擎来构建一个通用元搜索引擎。这样一个元搜索引擎将有数百万的成员搜索引擎。类似地，对于一个给定的领域，用这种方法可以通过连接该领域所有的搜索引擎来构建专用元搜索引擎。例如，在新闻领域可以使用数以万计的报纸和新闻站点的搜索引擎。

上述两种方法各有优缺点，本节将详细描述。相对于大规模元搜索引擎方法，主流搜索引擎方法的明显优势是主流元搜索引擎更容易构建，因为用这种方法构建元搜索引擎只需要很少数目的搜索引擎。目前几乎所有流行的元搜索引擎都是使用主流搜索引擎方法构建的，例如，Dogpile（http://www.dogpile.com/）、Mamma（http://www.mamma.com/）、MetaCrawler（http://www.metacrawler.com/），其中大多数只使用少数几个主流搜索引擎。AllInOneNews（http://www.allinone-news.com/）是大规模专用元搜索引擎的一个例子，它使用了约200个国家/地区的1800个左右的新闻搜索引擎。一般而言，建立大规模元搜索引擎需要更先进的技术。随着这些技术越来越成熟，可能会建立更多大规模元搜索引擎。

设计元搜索引擎系统的体系结构时应该同时考虑上述两种方法。图2-1所示的体系结构就是基于这种考虑。该体系结构包含一些重要的软件部件，包括搜索引擎选择器(search engine selector)、搜索引擎加入器(search engine incorporator)和结果合并器(result merger)。搜索引擎加入器由两个子部件组成：搜索引擎连接器(search engine connector)和结果抽取器(result extractor)。本书中我们把元搜索引擎中使用的那些搜索引擎称为元搜索引擎的成员搜索引擎(component search engine)。

下面对图2-1中元搜索引擎的主要部件进行更详细描述。

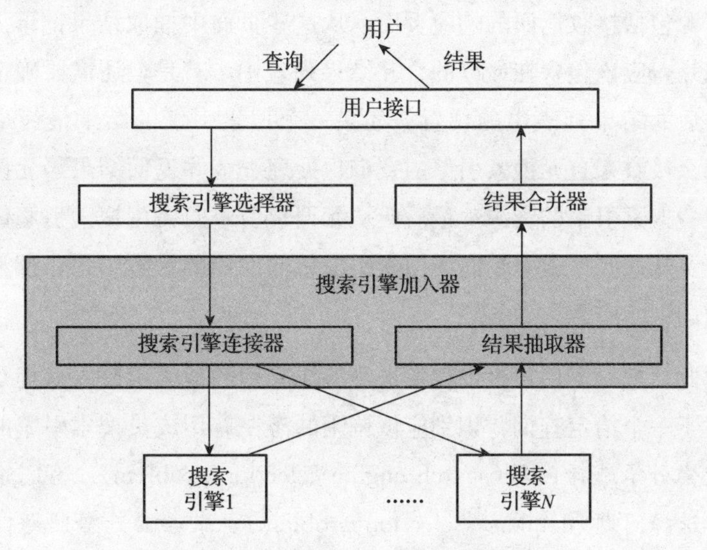

图2-1　元搜索引擎系统的体系结构

1. 搜索引擎选择器

如果一个元搜索引擎中的成员搜索引擎的数目很少，比如小于10个，那么把每个提交给元搜索引擎的用户查询发送到所有成员搜索引擎也许是合理的。在这种情况下，很可能不需要搜索引擎选择器。然而，如果成员搜索引擎的数目很多，就像在使用大规模元搜索引擎，发送每个查询给所有成员搜索引擎将是一种低效率的策略，因为大多数成员搜索引擎对任何特定的查询是无用的。例如，假设用户想要从具有1000个成员搜索引擎的元搜索引擎中查找与其查询匹配的50个最佳结果。因为50个最佳结果将包含在不超过50个成员搜索引擎中，很明显，对这个特定的查询，至少950个成员搜索引擎是无用的。

把查询传递给无用的搜索引擎可能会导致严重的效率问题。一般而言，发送查询给无用的搜索引擎将导致资源浪费，包括元搜索引擎服务器、涉及每个搜索引擎的服务器和因特网资源。具体而言，发送查询给一个无用搜索引擎并处理返回结果会浪费元搜索引擎服务器的资源，其中发送查询时浪费的资源包括查询所需的格式重写，处理返回结果时浪费的资源包括接收返回的响应页面，从这些页面中抽取结果记录，并确定它们是否应该包含在最终的合并结果列表中，若是，还需要确定它们在合并后的结果列表中的位置。如果一个搜索引擎的结果最终毫无用处，那么接收来自元搜索引擎的查询、处理查询并返回结果给元搜索引擎将浪费搜索引擎的资源。最后，从元搜索引擎向无用搜索引擎传输查询，以及从这些搜索引擎向元搜索引擎传输无用的检索结果，都浪费了因特网的网络资源。

因此，把每个用户查询仅发送给潜在有用的搜索引擎去处理是重要的。对于一个给定查询，识别应该调用的潜在有用成员搜索引擎的问题称为搜索引擎选择问题(search engine selection problem)，有时也称为数据库选择问题(database selection problem)、服务器选择问题(server selection problem)或查询路由问题(query routing problem)。显然，对于元搜索引擎，具有越多的成员搜索引擎和越多不同内容的成员搜索引擎，拥有一个有效的搜索引擎选择器就越重要。搜索引擎选择技术将在第 3 章讨论。

2. 搜索引擎连接器

当一个成员搜索引擎被选择参与处理一个用户查询处理之后，搜索引擎连接器建立与此搜索引擎服务器的连接并将查询传给该服务器。不同的搜索引擎通常有不同的连接参数。因此，对每个搜索引擎都需要创建一个单独的连接器。一般而言，对于一个搜索引擎 S，搜索引擎连接器需要知道 S 支持的 HTTP 连接参数。有 3 个基本参数：(a)搜索引擎服务器的名称和地址；(b)S 支持的 HTTP 请求方法(通常是 GET 或 POST)；(c)用来保存实际查询字符串的字符串变量名。

当实现一个成员搜索引擎数目少的元搜索引擎时，可以由经验丰富的开发者为每个搜索引擎手动编写连接器。然而，对于大规模元搜索引擎来说，这可能会非常耗时和昂贵。因此，开发自动生成连接器的能力是非常重要的。

需要注意的是，一个智能元搜索引擎如果发现修改接收到的用户查询可以潜在地提高搜索效率，那么它可能会先修改该查询并把修改后的查询传送给搜索引擎连接器。例如，元搜索引擎可能通过使用查询扩展技术为原始用户查询增加一些相关词来增大获取更多相关文档的机会。

搜索引擎连接器将在第 4 章讨论。

3. 结果抽取器

当一个成员搜索引擎处理一个查询之后，搜索引擎将返回一个或多个响应页面。一个典型的响应页面包含多个(通常 10 个)查询结果记录(Search Result Record，SRR)，每个记录对应一个检索到的 Web 页面，该记录通常包含 URL、页面标题、页面内容的简短摘要(称为概览，

snippet)和一些其他的信息，例如页面大小。图 2-2 显示了 Google 搜索引擎的一个响应页面的上部。响应页面是动态生成的 HTML 文档，它们通常也包含与用户查询不相关的内容，例如广告(赞助商链接)和网站的信息。

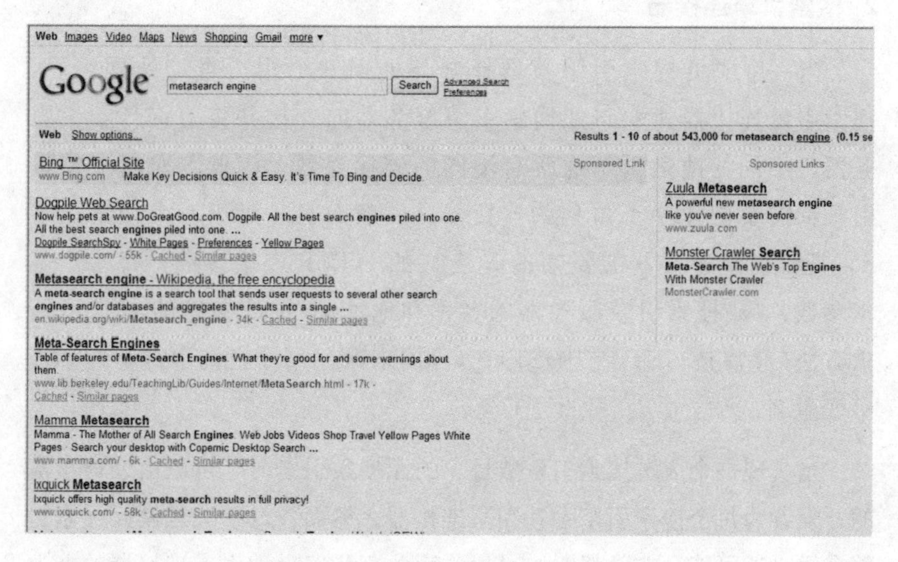

图 2-2　Google 响应页面的一部分

需要一个程序(即结果抽取器)从每个响应页面中抽取正确的 SRR，以便把来自不同成员搜索引擎的 SRR 合并成一个排序列表。这个程序有时称为抽取包装器(extraction wrapper)。由于来自不同搜索引擎的结果通常格式不同，所以需要为每个成员搜索引擎配备单独的结果抽取器。尽管经验丰富的程序员可以手动编写抽取器，但对于大规模元搜索引擎，更希望研发能够自动生成抽取器的技术。

结果抽取技术将在第 4 章讨论。

4. 结果合并器

被选择的成员搜索引擎的结果返回给元搜索引擎之后，结果合并器把结果合并成一个排序列表。然后把排序的 SRR 列表呈现给用户，或许一次一个包含 10 条记录的页面，就像大多数搜索引擎一样。

很多因素会影响结果合并的进行以及输出结果像什么样子。其中的一些因素为：1)不同成员搜索引擎索引的各个文档集合之间存在多少重叠？可能的情形从没有重叠到这些文档集合完全相同，以及介于这两个极端之间的任意情况。2)什么样的信息存在或可用来进行合并？可能利用的信息包括：成员搜索引擎结果记录的本地排序、结果记录的标题和概览、每个结果的完整文档、每个检索文档的发布时间、搜索引擎与其检索结果所对应的查询之间的潜在相关性，以及其他信息。好的结果合并器应将所有返回结果按其需求度降序排列。

结果合并的不同方法将在第5章中讨论。

2.2　为什么使用元搜索引擎技术

本节试图全面分析元搜索引擎相对搜索引擎的潜在优势。我们主要关注通用元搜索引擎和通用搜索引擎的比较。

1. 扩大搜索范围

元搜索引擎可以通过能够统一访问所有成员搜索引擎的功能搜索到被至少一个成员搜索引擎索引到的任何文档。因此，元搜索引擎的搜索范围是其成员搜索引擎搜索范围的并集。这个益处是早期元搜索引擎背后的主要动因，目前仍然是最公认的益处。

2.1节描述了两种可能的方法来实现通用元搜索引擎，即主流搜索引擎方法和大规模元搜索引擎方法。术语“扩大搜索范围”对这两种方法有不同的含义。对于前者，可以从两个方面来看。首先，被广泛接受并被强烈支持的证据表明：不同主流搜索引擎索引不同的Web页面集合，尽管它们都试图索引整个Web。这意味着拥有多个主流成员搜索引擎的元搜索引擎将比任何一个成员搜索引擎有更大的覆盖范围。其次，不同的搜索引擎往往使用不同的文档表示和结果排序技术，因此，对于相同的用户查询往往会返回不同的前排结果(top result)集。一项基于19 332个用户查询的研究显示：4大搜索引擎Google、Yahoo!、MSN和Ask对每个查询的第一页搜索结果的重叠率㊀平均仅为0.6%[Dogpile.Com，2007]。因此，通过多个主流搜索引擎进行检索，元搜索引擎可能会为每个用户查询返回更多不同而又高质量的结果。

针对大规模元搜索引擎方法，由于使用专用成员搜索引擎，所以不同成员搜索引擎之间重叠的可能性较小。因此，这类元搜索引擎的综合覆盖范围将比任何单个搜索引擎的覆盖范围大很多倍。事实上，如果能将所有专用文档驱动的搜索引擎，包括那些深网搜索引擎，包含在一个大规模元搜索引擎中，那么这个元搜索引擎可能比任何主流搜索引擎或基于主流搜索引擎方法建立的元搜索引擎有更大的覆盖范围，原因是主流搜索引擎缺乏足够的深网覆盖。本书将这个尚未建立的元搜索引擎称为WebScales元搜索引擎，WebScales是一个项目的名称，这个项目系统地研究建立大规模元搜索引擎的相关问题(http://www.cs.binghamton.edu/~meng/metasearch.html㊁)。

2. 更容易访问深网

如第1章所述，Web包括两个部分：表层网(Surface Web)和深网(Deep Web)，深网的资源远远大于表层网。主流搜索引擎获得内容在很大程度上依赖传统的Web爬虫追踪URL链接并获取Web页面。这些爬虫只能访问到表层网的内容，这意味着主流搜索引擎主要覆盖表层网。近年来，可以获得深网内容的深网爬虫正在被开发并取得了一些成功[Madhavan et al.，2008]。实现深网爬取的基本过程是：提交查询给深网搜索引擎，从返回的结果中收集信息[Raghavan and Garcia-Molina，2001；Madhavan et al.，2008]。这种技术的主要局限是：很难从深网

㊀ 在这项研究中，若一个结果被所有的4个搜索引擎检索，则它被认为是重叠的。
㊁ 访问日期为2010年11月3日。

搜索引擎获得完整的内容，因为使用适当数目的查询来检索深网搜索引擎的所有内容几乎是不可能的。

类似于深网爬虫，元搜索引擎通过查询接口(包括 API)与搜索引擎(包括深网搜索引擎)进行交互。然而与深网爬虫不同的是，元搜索引擎将每个用户查询直接传递给搜索引擎来检索查询相关的内容，而不需要提前获得任何搜索引擎的全部内容。因为跟表层网搜索引擎的查询接口进行交互与跟深网搜索引擎的查询接口进行交互基本相同，所以元搜索引擎访问深网是很自然的。总之，元搜索引擎比主流搜索引擎更容易访问到深网的内容。

很明显，使用主流搜索引擎构建通用元搜索引擎的方法，同样会面临主流搜索引擎访问深网的困难，而元搜索引擎方法直接通过查询接口访问搜索引擎内容，使元搜索引擎更容易访问深网。

3. 内容质量更好

搜索引擎的内容质量可以由搜索引擎索引的文档质量来度量。可从多方面度量文档的质量，例如内容的丰富性和可靠性。正式讨论内容质量并非本书的目标，我们仅在此提供一些分析来支持如下论点：以专用搜索引擎作为成员搜索引擎的元搜索引擎可能比主流搜索引擎更容易获取更高质量的内容。这些分析基于主流搜索引擎收集网页的方法和元搜索引擎访问搜索引擎内容的方法。

主流搜索引擎爬取开放 Web 得到的文档既有高质量的文档(包含有用内容的严肃文档)也有低质量的文档，因为每个人(通常匿名)都可以在网上发布东西。由于爬取的 Web 文档数目巨大(Google 约 350 亿)，所以要求这些搜索引擎保证爬取文档的质量是极端困难的。因此，主流搜索引擎可能会返回质量差的结果。相比之下，专用搜索引擎更有可能包含质量更高的文档，因为这些搜索引擎通常对其内容有更多的控制。例如，许多专用搜索引擎只使用自己的文档或来自可信资源的文档。比如由报纸和出版商操作的搜索引擎，内容通常来自专业作家或有编辑控制权的签约作者。由于大规模元搜索引擎仅使用专用搜索引擎作为其成员搜索引擎，所以它们搜索的内容应该也会有更好的质量。

主流搜索引擎依赖它们的爬虫从众多 Web 服务器收集文档。然而，由于存在大量的 Web 页面和 Web 服务器，以及 Web 不断变化的本性，所以这些爬虫无法跟上快速变化的 Web 内容。通常需要花费几天到几周的时间爬取或重新爬取最近更新或新增的内容。因此，主流搜索引擎索引的内容通常平均延时几天。相比之下，专用搜索引擎更容易维护内容的更新，因为它们使用较小的文档集，同时它们的内容通常存储在本地服务器上。因此，使用大规模元搜索引擎方法实现的通用元搜索引擎，相对于主流搜索引擎和使用主流搜索引擎构建的元搜索引擎有更好的机会获取更新的信息。

4. 获取更好检索效果的巨大潜力

如前所述，有两种方法创建通用元搜索引擎。相对于主流搜索引擎，每种类型的元搜索引擎都具有独特的潜力获得更好的检索效果。

用主流搜索引擎方法建立的元搜索引擎优于主流搜索引擎，有两个主要原因：

1)有可能获取更多独特的结果，即使在那些排序高的结果中[Dogpile. com，2007]，因为不同的主流搜索引擎有不同的覆盖范围和不同的文档排序算法。

2)主流搜索引擎的文档集合有众多重叠，元搜索引擎的结果合并部件可以利用这个事实产生更好的结果。对于任意给定的查询，这意味着许多共享文档有机会由不同的搜索引擎进行排序。如果多个搜索引擎检索到相同的文档，那么该文档与查询相关的可能性会大大提高，因为有更多的证据来支持其相关性。一般而言，如果一个文档被更多的搜索引擎检索到，那么该文档更可能是相关的。该结论基于以下重要的观察[Lee, J.，1997]：不同的搜索系统往往检索到相同的相关文档集，但不相关文档集却是不同的。尽管上述观察是基于对相同文档集使用不同排序算法得出的，但当不同搜索引擎的文档集有高度重叠时，该观察结论仍然适用。在文本检索中，从不同搜索系统组合多个证据的有效性已被很好建立，[Croft，W.，2000]是关于该主题的一篇优秀综述文献。

使用大规模元搜索引擎方法构建的元搜索引擎，由于使用了专用成员搜索引擎，所以针对任意特定的查询，选择的成员搜索引擎的文档集合的重叠度可能会非常低。因此，不能使用上述组合方法。然而，还有许多其他原因可以说明元搜索引擎可能比主流搜索引擎获得更好的效果。下面讨论这些原因。

1)如上所述，专用搜索引擎的文档集合可能比主流搜索引擎具有更好的质量，这些专用搜索引擎的覆盖范围合并之后大于任何主流搜索引擎。这为元搜索引擎的性能优于任何主流搜索引擎提供了基础。

2)一些专用搜索引擎利用领域知识(例如，特定领域本体和语义词典)提高检索效果。通过使用这些搜索引擎进行搜索，元搜索引擎可以利用它们的特有功能，然而主流搜索引擎却无法使用。

3)对于每个查询，典型的大规模元搜索引擎通过一个三步过程聚焦最佳结果。第一，对于给定查询，搜索引擎选择器识别最有可能返回相关结果的成员搜索引擎，并且只调用这些搜索引擎。第二，每个被选择的搜索引擎根据其排序算法得到最佳结果，并将这些结果返回给元搜索引擎。第三，对于给定的用户查询，从来自最佳匹配的搜索引擎返回的最佳本地结果中，元搜索引擎的结果合并器识别出最佳整体结果。对于任何用户查询，运用高质量搜索引擎选择算法、高质量成员搜索引擎和高质量结果合并方法，这三步处理过程具备产生非常高质量结果的潜力。

5. 更好地利用资源

元搜索引擎使用成员搜索引擎进行基本搜索。它们可以利用这些搜索引擎的存储和计算资源，因此，避免了运行搜索引擎所需的以下开销：1)爬取和存储文档集合；2)索引收集的文档；3)搜索索引数据库。对于大型搜索引擎来说，仅是采购所需计算机、存放计算机和维护计算机运行(包括软/硬件维护和功耗)三项，就会有很高的成本。虽然元搜索引擎也需要自己的基础设施来执行其功能，如搜索引擎选择、表记(representative)生成和结果合并，但它们对基础设施的要求远远低于同等规模的搜索引擎。

相对于主流搜索引擎，大规模元搜索引擎有以上优点，但也有一些固有的缺点。第一，元搜索引擎给用户返回结果会比主流搜索引擎花费更长时间，因为元搜索引擎必须把每个查询传送给所选的成员搜索引擎，等待它们处理查询，并等待它们返回的查询结果。主流搜索引擎处理查询的时间不到1秒，而元搜索引擎往往需要2～5秒才能返回结果。使用元搜索引擎处理查询时，这一差别的大部分可以归因于元搜索引擎与成员搜索引擎之间所增加的网络通信。搜索引擎和元搜索引擎之间响应时间的差别，在未来可能会随着因特网速度的加快而降低。第二，主流搜索引擎对自己的文档排序算法有充分控制，并有更好的机会利用Web页面之间的链接信息。相比之下，元搜索引擎对成员搜索引擎没有控制权，反而受制于这些搜索引擎。这些搜索引擎的响应时间、结果的质量以及结果概览的质量，都显著影响元搜索引擎的性能。此外，专用搜索引擎没有全局链接图，因此在它们的排序函数中不能利用该图。研究[Wang and DeWitt，2004]表明，针对一个成员搜索引擎的一个页面，估计该页面的全局PageRank是可能的，具体如下：先计算出各个搜索引擎的PageRank(称为ServerRank)和每个页面在其成员搜索引擎内的本地PageRank，然后再通过用搜索引擎的PageRank调整该搜索引擎内页面的本地PageRank来估计页面的全局PageRank。ServerRank可以用搜索引擎的托管站点之间的链接来计算。不过，为了准确计算ServerRank，搜索引擎的网页内出现的服务器间链接信息需要提供给元搜索引擎。

元搜索引擎的另一个潜在问题是，一些搜索引擎可能不想成为元搜索引擎的成员搜索引擎，原因有两个。第一，从元搜索引擎传递过来的查询会消耗搜索引擎的资源；第二，元搜索引擎或许会减少用户访问这些搜索引擎的次数，进而可能会降低这些搜索引擎的广告收入。这些原因仅对拥有稳定广告收入的流行搜索引擎是重要的。Google 是这种搜索引擎的一个例子，除非提前与 Google 签订协议，否则 Google 禁止元搜索引擎查询。相比之下，专用搜索引擎几乎没有阻止元搜索引擎查询的动因，由于它们通常都是不太知名的，所以查询流量有限，不靠广告赚钱。许多专用搜索引擎只卖内容和服务，还有许多专用搜索引擎的主要目的是传播信息。事实上，这些搜索引擎有参与元搜索引擎的强大动力，因为元搜索引擎可以帮助这些搜索引擎获得更多的用户、更多的认可(元搜索引擎通常会标出检索到每个结果的搜索引擎)。

上面的讨论表明，对 Web 搜索引擎来说，搜索引擎和元搜索引擎是互补的方法。一个能够把这两种方法的优点都利用起来的搜索系统可能最终成为最好的解决方案。在这样的系统中，每个用户的查询同时通过主流搜索引擎和大规模元搜索引擎处理。前者可以快速地从表层网返回结果；在用户浏览这些结果的同时，后者可以潜在地为用户检索更多、更好的结果。

正如我们之前讨论过的，建设超大规模元搜索引擎（例如 WebScales）存在重大的技术挑战。虽然仍需要进行大量研究，但是目前已经取得了很大进展。在接下来的 3 章中将报告一些进展。

2.3　挑战环境

大多数情况下，元搜索引擎使用的成员搜索引擎是自治的，即它们是独立建立和维护。每个搜索引擎的开发者决定其搜索引擎将为哪些文档提供查询服务、如何表示文档以及何时更新索引。文档和用户查询之间的相似度通过相似度函数计算。同样，也是由每个搜索引擎的开发者决定使用哪种相似度函数。商业搜索引擎的开发者通常把他们使用的相似度函数和其他实现细节视为私有信息，不向公众提供。一般来说，元搜索引擎需要与没有直接合作关系的搜索引擎交互。

成员搜索引擎自治的直接后果是存在大量的异构。2.3.1 节介绍元搜索引擎环境中一些独特的主要的异构，并讨论它们对构建元搜索引擎的影响。常见于其他自治系统(如多数据库系统)中的异构，例如不同的操作系统平台，我们将不做描述。2.3.2 节简要概述旨在简化元搜索引擎与其成员搜索引擎之间交互的一些研究工作。

2.3.1 异构及其影响

在自治成员搜索引擎之间有下列异构[Meng et al.，1999b，2002]。

1)文档集。不同搜索引擎的文档集可能有两个层次的不同。第一层是集合的主题或话题领域。例如，一个集合可能包含医疗文档，另一个集合可能包含法律文档。在这种情况下，这两个集合的主题不同。在实际中，因为一个集合所包含的文档可能来自多个领域，所以这一文档集的主题领域可能不容易被确定。第二层是实际文档。即使两个集合有相同的主题，但它们仍然可以有完全不同的文档集。一般情况下，多个文档集合之间的关系是复杂的，因为在主题层次和文档层次上，它们可以有不同的重叠度。

2)查询语言。每个搜索引擎都支持一个预定义的查询模型集合，其范围从向量空间模型、布尔模型、邻近匹配模型到精确的字符串匹配和数值区域匹配。而且，不同的搜索引擎通常支持不同的查询模型集合，使用不同的符号来表示相同的算符，针对用户提交的关键词查询，若无明确指定算符时，会有不同的默认解释。

3)服务器连接。与人类用户通过 Web 浏览器界面提交查询给搜索引擎不同，元搜索引擎直接发送查询到搜索引擎服务器。每个搜索引擎都有连接配置，任何应用程序都需要使用该配置连接搜索引擎。典型的配置包含名称、服务器的因特网地址、支持的 HTTP 请求方法、查询字符串名称、许多默认的查询字符串名称和值对(详情请参见第 4 章)。不同的搜索引擎通常有不同的连接配置。

4)响应页面格式。所有搜索引擎都用HTML编码格式在动态生成的响应页面中展示其检索结果。这样的格式通常是预先设计的，称为模板。一个模板可能包含多个部分，例如，一部分用于显示搜索结果记录，另一部分用于显示赞助链接。在每一部分中，模板控制如何组织和显示该部分的信息。响应页面及包含查询结果记录的相应部分通常在不同的搜索引擎中有不同的模板。

5)索引方法。不同搜索引擎可能采用不同的技术来确定表示一个文档的词。例如，有些搜索引擎仅使用一个Web页面中出现的词来索引该Web页面，但许多搜索引擎也使用出现在其他Web页面中的锚词(anchor term)来索引其链接的Web页面。其他一些不同索引技术的例子包括：是否删除停用词(stop word)、是否执行词干提取(stemming)、是否识别短语。此外，不同的搜索引擎可能使用不同的停用词列表和不同的词干提取算法，以及识别出不同的短语。

6)词加权方法。Web页面中词的权重可以使用不同的方法来确定。例如，一种方法使用词频权重(term frequency weight)，另一种使用词频权重(term frequency weight)和逆文档频率权重(inverse document frequency weight)的乘积(见1.2.2节)。这些方法存在多种变体[Salton，G.，1989]。一些搜索引擎也把词的位置和字体加入权重计算。例如，若一个词出现在Web页面标题中或为黑体，则其权重可被增加(更多讨论见1.3.3节)。

7)相似度函数。不同搜索引擎可能采用不同相似度函数来度量查询和Web页面之间的匹配程度。针对文本文档，1.2.3节描述了一些常用的相似度函数，包括余弦函数和Okapi函数。在1.3.4节中，我们讨论的链接导出的重要性(例如，PageRank)也可以运用于相似度函数。在实际中，相似度函数可能考虑大量的因素，排序规则可能变得非常复杂。例如，据2008年的报道，Google所用的排序规则考虑了超过250个因素[Hiemstra，D.，2008]。

8)文档版本。作者可以随时修改 Web 上他们自己的文档，甚至可以由某些软件自动修改。通常，当一个 Web 页面被修改后，索引该 Web 页面的那些搜索引擎不会收到修改通知。在搜索引擎重新获取和重新索引修改后的 Web 页面之前，搜索引擎中该 Web 页面的表示是基于陈旧的或过时的页面版本。由于 Web 规模庞大，所以大型搜索引擎的爬虫只能按某一周期(从几天到几周)重访以前索引过的页面。因此，在一个搜索引擎爬虫两次访问某一页面之间，该页面可能会经历多次变化。由于搜索引擎是自治的，所以它们的爬虫可能在不同时间获取或重新获取相同的页[1]。因此，在任意给定时间，很可能不同搜索引擎索引了同一页面的不同版本。

上面讨论的自治性和异构性将对元搜索引擎的每一个主要部件的构建产生重大影响。下面进行讨论。

1)*搜索引擎的选择*。第一，不同的成员搜索引擎有不同文档集，这一事实是需要对搜索引擎进行选择的基础。第二，为了估计一个搜索引擎关于一个给定查询的有用性，*搜索引擎选择器*(search engine selector)需要具有搜索引擎文档集内容的一些知识。把概括搜索引擎文档集内容的知识称为*搜索引擎内容表记*(content representative)，或简称*表记*(representative)。开发有效的搜索引擎选择算法的关键挑战为：1)如何概括搜索引擎文档集的内容？换句话说，应该使用什么样的表记？2)如何使用不同成员搜索引擎的表记来执行选择？3)如何生成所需的表记？如果成员搜索引擎不协作提供表记所需的信息，最后一个问题会变得更加困难。由于搜索引擎的自治性，它们的协作往往是不可能的。第 3 章将详细研究上述 3 个问题。

2)*搜索引擎的加入*。如 2.1 节所讨论的，搜索引擎加入器部件包括两部分：*查询分派器*(query dispatcher)和*结果抽取器*(result extractor)。每个成员搜索引擎的查询分派器依次包括两个程序：一个是*连接程序*(connection program)，一个是*查询翻译程序*(query translator)。显

---

[1] 每个页面由它的 URL 标识。

然，不同成员搜索引擎的服务器连接、查询语言和响应页面格式的异构性直接影响连接程序、查询翻译程序和结果抽取器。特别地，每个成员搜索引擎需要各自的连接程序、查询翻译程序和结果抽取器。这使得开发大规模元搜索引擎更具挑战性，因为人工实现大量的连接程序、查询翻译程序和结果抽取器是不实际的。第4章将介绍这些子部件的高度自动化解决方案。

3)结果合并。许多因素影响文档和查询之间的相似性，这些因素包括文档集(即它影响每个词的文档频率进而每个词的idf权重)、索引方法、词加权方法、相似度函数和文档版本。不同成员搜索引擎之间这些因素的异构性使得不同搜索引擎计算的相似度(关于同一查询)没有直接可比性。这意味着结果合并器不能直接使用这些相似度对不同搜索引擎返回的结果进行排序，即使这些相似度可以得到。现代搜索引擎通常不返回检索结果的相似度，而是在内部使用这些相似度来确定检索结果的排序。这导致不同搜索引擎返回查询结果的本地排序也没有直接可比性。这些不可比性使得有效的结果合并算法的设计变得更复杂。第5章将介绍不同的结果合并技术。

2.3.2 规范化研究

如2.3.1节所讨论的，不同搜索引擎之间的自治性和异构性使构建元搜索引擎变得很困难。元搜索领域已经付出了很大努力来规范元搜索引擎和搜索引擎之间的通信，以便简化构建元搜索引擎的任务。本节简述其中一些主要工作。

- STARTS(Stanford Proposal for Internet Meta-Searching)[Gravano et al., 1997]。这是最早提出在搜索引擎和元搜索引擎之间建立协议的尝试之一。它考虑了如何支持搜索引擎选择、查询映射和结果合并。对于搜索引擎选择，它要求搜索引擎提供词汇信息(包括停用词、词干提取、大小写敏感性、字段相关性)和一些具体的统计数据(搜索引擎的总计词频、文档频率和搜索引擎中的文档数目)。它还要求搜索引擎提供内容摘要(文本描述)。STARTS对查询语言问题进行了很好的讨论，包括基于关键词的查询、布尔运算符和邻近条件。这些对于从元搜索引擎查询到搜索引擎查询的映射很重要。然而，STARTS没有涉及应该如何格式化搜索结果以便于元搜索引擎抽取。

- OpenSearch(http://www.opensearch.org/Home[㊀])。OpenSearch由Amazon.com研发，它支持一些基本规格说明：连接信息(例如，搜索引擎服务器的地址、字符编码协议和输入语言)、隐私信息(例如，结果是否可以显示给用户或发送到其他应用程序)、高级别内容信息(例如，是否有成人内容)。然而，它一般不支持详细搜索结果格式化的规格说明。它的“响应元素”支持一些XML协议，例如RSS 2.0。
- SRU(Search/Retrieval via URL；http://www.loc.gov/standards/sru/[㊁])[SRU]。SRU可以视作Z39.50为使其与Web环境更相关而专门定制的特定版本。它使用扩展的URL(一些细节包含在多个附加文档中)来指定搜索引擎的地址、查询参数和结果格式。支持SRU协议的每个搜索引擎应该具有一条“解释记录”，此记录给出关于其功能的信息，如搜索引擎连接信息。

SRU具有称为通用查询语言(Common Query Language，CQL)的查询语言。CQL支持关键词检索、布尔运算和邻近条件。SRU协议简化了任意应用程序与搜索引擎之间的交互，因此可以用来构建元搜索引擎。然而，这个协议几乎没有要求便于简化搜索引擎选择和结果合并所需的信息。

- MXG(Metasearch XML Gateway)[Standards Committee BC/Task Group 3，2006]。这是国家信息标准组织(National Information Standards Organization，NISO)制定的一个标准。对于元搜索应用，MXG是基于SRU而制定的。它提供了一种由内

㊀ 访问日期为2010年11月3日。
㊁ 访问日期为2010年11月3日。

容提供者向元搜索引擎展示其内容和服务的机制。MXG 有 3 个级别的要求，较高级别的要求支持更多的互操作性和功能性。级别 1 需要搜索引擎满足基本的 URL 请求要求和响应要求(返回结果使用 XML 格式)。但是，元搜索引擎的开发者需要自己发现每个搜索引擎具备的能力和如何将元搜索引擎的用户查询转化为搜索引擎的本地查询格式。级别 2 还要求搜索引擎提供额外的信息，如主机服务器名称、端口号和数据集名称。级别 3 增加了这样一个要求：每个符合级别 3 的搜索引擎要支持一个标准查询语言，即通用查询语言。第 3 级 MXG 与 SRU 没有多大区别。

- NISO 元搜索议案(http://www.niso.org/workrooms/mi/[㊀])。NISO 大约在 2003 年年底启动这个议案。MI(Metasearch Initiative，元搜索议案)委员会包括 3 个任务组。第一组关注访问管理(认证和授权)。第二组关注数据集描述和服务描述。第三组关注搜索和检索。到 2005 年年底，各任务组发布了其推荐/草案标准。前面简要提及的 MXG 和 SRU 都是第三组的成果。

2005 年第二组制定了两个草案规则，一个用于数据集描述(Collection Description，CD)[National Information Standards Organization，2006a]，另一个用于服务描述(Service Description，SD)[National Information Standards Organization，2006b]。针对 CD，每一个数据集有 28 个属性(标识符、标题、可选标题、描述、大小、语言、类型、权限、访问权限、权责发生方法、权责发生周期性、权责发生政策、监管历史、观众、主题、空间范围、时间范围、累积日期范围、内容日期范围、主体完整性、采集者、所有者、访问方式、子集、扩集、目录或说明、相关集合、相关出版物)。草案规则[National Information Standards Organization，2006a]没有论及有关词的统计数据。针对 SD，描述服务的信息包括服务位置、网络协议(例如，HTTP)、身份验证

㊀ 访问日期为 2010 年 11 月 3 日。

或授权协议、访问数据的方法(搜索、浏览、排序、查询语言、字段/属性、比较器)，以及能够被检索的记录数(或类似的功能设置)等。

NISO 是美国国家标准局(American National Standards Institute，ANSI)的一部分，这个 MI 工作有来自世界上许多组织的参与者。因此，提出的标准有一定的公信力。然而，MI 目前的状况并不清楚，因为从 NISO MI 网站(http://www.niso.org/workrooms/mi/)上看，似乎 2006 年之后 NISO MI 委员会就一直不活跃了。

尽管有上述工作，但是它们并没有被广泛用于构建真正的元搜索引擎。能被搜索引擎开发者广泛接受的单一标准是否会出现，仍拭目以待。

‖第3章

搜索引擎选择

当一个元搜索引擎收到一个用户查询之后，它调用*搜索引擎选择器*(search engine selector)来选择某些成员搜索引擎以便将该查询发送给它们。做选择时可以基于各种可能的准则。例如，一个可能的准则是一个搜索引擎对用户查询的平均响应时间。本书中，我们主要关注基于内容的准则，即一个搜索引擎的文档集合内容与用户查询的匹配程度。一个好的搜索引擎选择算法应该对任一给定查询都可以准确地识别出潜在有用的搜索引擎，并能根据所估计的这些搜索引擎的有用性进行排序，使得更有用的搜索引擎排在用处较少的前面。

所有的搜索引擎选择算法都遵循如下一般性方法。第一，把搜索引擎的内容概括为一个*内容表记*(content representative)。第二，当一个用户查询到达时，将它与所有候选搜索引擎的表记进行对比来估计哪个搜索引擎最有可能为该查询返回有用的结果。

已经提出了很多方法来解决搜索引擎选择问题。这些方法有以下几个方面的区别：概括每个搜索引擎的文档集合所使用的表记；反映每个搜索引擎对于一个给定查询的有用性所使用的度量；以及这些方法使用的估计有用性的算法。我们把这些方法分为以下 4 类[⊖]。

1)**粗糙表记方法**。在这些方法中，一个成员搜索引擎的内容经常使用少数经过选择的关键词或段落来表示。这样的表记只能提供有关一个搜索引擎内容的非常基本的描述，所以使用这种表记的搜索引擎选择算法在估计搜索引擎对一个给定查询的真实有用性时是不太准确的。粗糙表记通常是手动生成的。

2)**基于学习的方法**。这些方法从过去的检索历史中学习获得如下知识：哪些搜索引擎很可能会对哪种类型的查询返回有用的结果。然后使用这些知识来确定一个搜索引擎对新查询的有用性。

检索历史可以通过如下方法获得：在搜索引擎选择算法使用之前通过用训练查询获得和在实际使用搜索引擎选择时通过真实的用户查询获得。一个搜索引擎的使用历史将被总结为知识并被保存为该搜索引擎的表记。

3)**基于样本文档的方法**。在这些方法中，每个搜索引擎的文档集合中的一组样本文档被用作该搜索引擎的内容表记。要使这类方法有效，很重要一点是每个搜索引擎的样本文档应该能充分代表该搜索引擎的完整文档集。

4)**统计表记方法**。这些方法通常使用颇为详细的统计信息来表示搜索引擎的内容。一般情况下，这类搜索引擎的表记包含了在一个搜索引擎的文档集合中每个词的一些统计信息，例如词的*文档频率*(document frequency)及其在包含该词的所有文档中的平均权重。详细的统计数据可以更准确地估计一个搜索引擎对于任一用户查询的有用性。对于大规模元搜索引擎，由于需要为每个搜索引擎存储大量的信息，所以这种方法的可扩展性成为一个重要议题。

在以上方法中，统计表记方法是最流行的，并得到了最多关注。在本书中，我们将主要关注统计表记方法，同时简要介绍了其他三种类型

⊖ 前三类首先被用于[Meng et al.，2002]。

的方法。

3.1　粗糙表记方法

如前所述，一个搜索引擎的粗糙表记只使用几个关键词或几个句子来描述该搜索引擎的内容。这种表记仅能给出关于该搜索引擎的文档集合内容的一种非常基本的描述。

在 ALIWEB[Koster，M.，1994]中，一个文档集的表记使用一个预先定义好的模板来生成。以下是用来描述 Perl 编程语言文档集的一个表记的例子：

```
Template-Type：DOCUMENT
Title：Perl
URI：/public/perl/perl.html
Description：Information on the Perl Programming Language.
             Includes a local Hypertext Perl Manual，and the
             latest FAQ in Hypertext.
Keywords：perl，perl-faq，language
Author-Handle：m.koster@ nexor.co.uk
```

当判断一些文档集合对于一个用户查询的匹配情况时，这些文档集会根据它们的表记与该查询的匹配程度来排序。根据用户的选取，匹配可以针对这些表记的一个或多个字段(例如，标题、描述等)进行。注意，ALIWEB 不是一个真正的元搜索引擎，因为它只允许用户一次选择一个文档集进行搜索并且它不进行任何结果合并。WAIS[Kahle and Medlar，1991]中也使用了描述性的内容表记，但它允许同时搜索多个本地文档集。

在 Search Broker 中[Manber and Bigot，1997，1998]，一个或两个主题词被手动分配给每个搜索引擎。每个用户查询由两部分组成：主题部分和正常查询部分。当一个查询被系统接收到之后，其主题部分用来与分配给每个搜索引擎的主题词进行比较从而找出具有相同主题的成员搜索引擎；正常查询部分用来从所找出的搜索引擎中搜索文档。

虽然大多数粗糙搜索引擎表记的生成都有人工参与，但也存在自动生成粗糙表记的方式。在 Q-Pilot 中[Sugiuraand and Etzioni，2000]，每个搜索引擎由一个带有权重的词向量表示。这些词可从搜索引擎的界面页或从与搜索引擎链接的页面中获得。对于后一种情况，只有与该搜索引擎的链接在同一行中出现的词才被使用，每个词的权重是包含该词的链接文档的个数。

粗糙表记方法的优点是获得表记相对容易并且它们需要较少的存储空间。当所有的成员搜索引擎都是高度专业化的并且有不同的主题时，这种方法可以工作得不错，因为在这种情况下，概括和区分这些搜索引擎的内容是比较容易的。在其他情况下，这种方法可能不够好。为了缓解这个问题，大多数这类方法都需要用户参与搜索引擎选择的过程。例如，在 ALIWEB 和 WAIS 中，根据系统的初步选择，用户做出最终决定选择哪些搜索引擎(文档集)来搜索。在 Search Broker 中，用户需要指定其查询的主题领域。由于用户往往并不能很好地了解成员搜索引擎(特别是，当成员搜索引擎的数目很大时)，所以由他们参与搜索引擎的选择过程很容易错过有用的搜索引擎。

3.2 基于学习的方法

这些方法根据过去提交给一个搜索引擎的查询的检索结果为新查询预测该搜索引擎的有用性。检索结果可以总结为对于搜索引擎选择的有用知识。如果在搜索引擎选择器启用之前，用训练查询作为过去的查询来获得知识，那么相应的方法就是一种*静态学习方法*(static learning approach)[Meng et al.，2002]。静态学习的弱点是它不能适应搜索引擎内容和用户查询模式的变化。如果过去查询是真实的用户查询并且知识不断积累和更新，相应的方法就是一种*动态学习方法*(dynamic learning approach)[Meng et al.，2002]。动态学习的问题是：为了有效地进行搜索引擎选择，它可能需要很长的时间才能积累足够的知识。静态学习与动态学习可以结合，形成一种*综合学习方法*(combined-learning approach)。这种方法使用训练查询获得最初的知识，但知识将随着使用真实用户查询被不断地更新。综合学习能够克服其他两种学习方法的不足。在本小节中，我们介绍几种基于学习的搜索引擎选择方法。

一个静态学习方法的例子是MRDD (Modeling Relevant Document Distribution)[Voorhees et al.，1995]。在此方法中，将每个训练查询提交给每个成员搜索引擎。针对一个给定查询，从搜索引擎返回的文档中，识别所有相关文档，并且获取和存储一个反映相关文档分布的向量。具体地说，这个向量格式为$<r_1, r_2, \cdots, r_s>$，其中r_i是一个正整数，表示为了得到与该查询相关的i个文档，必须从搜索引擎检索r_i个靠前排序(top-ranked)的文档。例如，假设有一个训练查询q和一个搜索引擎S，检索并排序了50个结果。如果第1个、第3个、第8个和第15个结果是相关的，那么相应的向量是$<r_1, r_2, r_3, r_4> = <1, 3, 8, 15>$。

获得了所有训练查询和所有搜索引擎的向量之后，搜索引擎选择器就准备好了为用户查询选择搜索引擎。当收到一个用户查询后，对某个正整数k，把该用户查询与所有训练查询进行比较，并识别出k个最相似的训练查询。接下来，对每个搜索引擎S，用这k个最相似的训练查询分别得到S的k个相应的分布向量，由这k个向量得到平均相关文档分布向量。最后，对于任意给定的所需检索的文档个数，为了最大化查准率，用平均分布向量来选择将要调用的搜索引擎及要检索的文档。

例3.1 假设给定一个用户查询q，3个搜索引擎得到的3个平均分布向量是：

$\boldsymbol{S}_1$：<1，4，6，7，10，12，17>

$\boldsymbol{S}_2$：<3，5，7，9，15，20>

$\boldsymbol{S}_3$：<2，3，6，9，11，16>

假设我们需要检索 3 个相关文档。为了达到最大的查准率，我们应该从 $\boldsymbol{S}_1$ 检索一个文档，从 $\boldsymbol{S}_3$ 检索 3 个文档。换句话说，应该选择搜索引擎 $\boldsymbol{S}_1$ 和 $\boldsymbol{S}_3$。这个选择得到 0.75 的查准率，因为 3/4 的文档是相关的。■

在 MRDD 方法中，一个搜索引擎的表记是对于所有训练查询的分布向量的集合。这个方法的主要缺点是必须为每个训练查询手动进行学习过程。此外，很难挑选出合适的训练查询，而且如果搜索引擎内容变化很大，那么学习获得的知识可能会过时。

SavvySearch[Dreilinger and Howe，1997]是一个使用动态学习方法的元搜索引擎。对于一个新查询中的各个词，根据过去查询使用这些词的检索性能，这个方法对该新查询计算搜索引擎的排序分数。更具体地，对每个搜索引擎 S，搜索引擎选择器都维护一个权重向量(w_1，...，w_m)，其中 w_i 对应搜索引擎 S 中的词 t_i。初始时，所有权重都为 0。当一个具有 k 个词且包含词 t_i 的查询提交给搜索引擎 S 时，根据检索结果对 w_i 做出如下调整。如果 S 没有返回文档，w_i 减少 $1/k$；如果用户至少点击了一个返回的文档，w_i 增加 $1/k$；否则(例如，返回了一些结果，但是用户没有点击)，w_i 保持不变。直觉上，一个大的正值 w_i 表示搜索引擎 S 在过去对词 t_i 有好的响应，而一个绝对值大的负值 w_i 表示 S 对 t_i 的响应不好。

SavvySearch 也用如下参数跟踪每个搜索引擎 S 的近期性能：h 表示最近 5 次查询返回结果的平均个数，r 表示最近 5 次查询的平均响应时间。如果 h 低于一个阈值，对 S 计算一个惩罚值 p_h。类似地，如果 r 大于一个阈值，则计算一个惩罚值 p_r。

针对一个具有 k 个查询词 t_1，...，t_k 的新查询 q，使用如下公式计算搜索引擎 S 的排序分数：

$$r(q,S)=\frac{\sum_{i=1}^{k} w_i \log(N/f_i)}{|S|}-(p_h+p_r) \tag{3-1}$$

其中 $\log(N/f_i)$是查询词 t_i的逆搜索引擎频率权重，N 是元搜索引擎中成员搜索引擎的数目，f_i 是关于词 t_i 含有正权重的搜索引擎数目，$|S|$ 是 S 的权重向量长度，定义为$\sqrt{\sum|w_j|}$，其中求和是针对出现在过去查询中全部词进行计算的。

在 SavvySearch 中，搜索引擎表记仅包含过去查询中所使用过的词的权重。需要适度的开销来维护这些信息。SavvySearch 的一个弱点是：它对于新的查询词或过去使用很少的查询词不能很好地工作。此外，SavvySearch 所使用的用户反馈过程不严谨，很容易导致问题。具体地说，搜索引擎用户有检查那些靠前排序的搜索结果而不考虑这些结果是否真正有用的倾向。换言之，对一个结果的点击不一定能准确表明该结果是相关的。所以，一个词对于一个搜索引擎的权重不一定能准确表示该搜索引擎对该词的响应有多好。这一弱点在某种程度上可用如下方式克服，就是通过考虑用户查看一个文档所花费时间的长短来确定该文档是否是一个查询的正确响应。

ProFusion[Gauch et al.，1996；Fan and Gauch，1999]是一个运用综合学习方法的元搜索引擎。在 ProFusion 中，学习过程使用如下 13 个类别："科学与工程""计算机科学""旅行""医学和生物技术""商业与金融""社会与宗教""社会法律和政府""动物与环境""历史""休闲与娱乐""艺术""音乐""食品"。每个类别用一组词表示。对于每个类别，用一组训练查询来学习每个搜索引擎对不同类别的查询响应的好坏程度。对一个给定的类别 C 和一个给定的搜索引擎 S，把每个相关的训练查询 q 提交给 S。从排序为前 10 的返回文档中找出那些相关的结果。然后，可以用公式 $c\frac{\sum_{i=1}^{10} N_i}{10}\times\frac{R}{10}$计算反应 S 关于 q 和 C 的性能的一个分数，其中 c 是一个常数。若排序为第 i 的文档是相关的，则 $N_i=1/i$；若这个文档是不相关的，则 $N_i=0$。R 是这 10 个结果中相关文档的数目。最后，针对搜索引擎 S，计算关于 C 的全部训练查询分数的平均值，这个平均

值就是 S 关于 C 的置信因子(confidence factor)。在训练(即静态学习)结束之后，每个搜索引擎对 13 个类别中的每一类都有一个置信因子。

当元搜索引擎收到一个用户查询 q 时，q 首先被映射到一些类别，这些类别包含 q 中至少一个词。然后，基于每个搜索引擎关于其映射类别的置信因子之和，对这些搜索引擎进行排序。这个和称为这个搜索引擎对于查询 q 的排序分数(ranking score)。在 ProFusion 中，对于一个给定查询，排序分数最高的 3 个搜索引擎被选中进行搜索。

在 ProFusion 中，检索到的文档根据每个文档的本地相似度与检索到它的搜索引擎的排序分数的乘积进行排序。假设来自搜索引擎 S 的文档 d 是用户第一个点击的文档。如果 d 不是排序最前的结果，那么搜索引擎 S 的排序分数应该增加，而那些文档排序前于 d 的搜索引擎的排序分数应该减少。这个动态学习过程通过按比例调整搜索引擎 S 在映射类别中的置信因子来完成。例如，如果 S 的排序分数 RS 减少 δ，且 S 关于一个映射类别的置信因子当前为 f，那么 f 将被减少 $(f/RS)\delta$。如果将来有同样的查询需要处理，这种排序分数调整策略试图使得文档 d 的排序位置更靠前。这种策略的理由是：如果排序分数是完美的，那么用户应该首先点击排序最前的文档。

ProFusion 有以下的弱点。第一，静态学习部分仍然主要依靠人工，也就是说，选择训练查询和识别相关文档是手动进行的。第二，它假设成员搜索引擎会返回检索文档的相似度。如今，大多数搜索引擎不返回这样的相似度。第三，置信因子调整后，如果第一个被点击的文档是由某个搜索引擎检索出的，那么那些从同一个搜索引擎检索出来但排序更高的文档还将保持更高的排序。这是一种动态学习策略不能帮助重复出现的查询检索到更好文档的情况。第四，所使用的动态学习算法似乎太过简单。例如，没有考虑用户倾向于选择排序最高的结果。缓解这个问题的一种方法是使用第一个被点击并被阅读了充分长时间的文档。

3.3 基于样本文档的方法

在本节中，对于每个成员搜索引擎，我们假设已经获得了一组样本文档，并且这些文档充分代表该搜索引擎的文档集合。如何获得这些样本文档将在3.4.6节讨论。

下面我们介绍本节所用的一些符号。对于成员搜索引擎S_i，用SD(S_i)表示对于S_i收集的样本文档集合。用CSD表示集中样本文档集合(centralized sample document collection)，即包含所有成员搜索引擎样本文档的集合，CSD=$\bigcup_i SD(S_i)$。用CD表示集中文档集合(centralized document collection)，CD包含了所有成员搜索引擎中的文档。注意CD没有物化(materialized)，使用CD仅为便于讨论。如果每个SD(S_i)是S_i的一个好的表记，那么可以认为CSD是CD的一个好的表记。基于CSD及元搜索引擎的全局相似度函数，构建一个文本检索系统。

已经提出了多种基于CSD进行搜索引擎选择的方法。这些方法通常也使用每个成员搜索引擎的大小(即搜索引擎所包含文档的数目)。这些方法的基本思想如下。当元搜索引擎接收到一个查询q时，针对CSD处理查询q，计算q和CSD中文档的全局相似度或这些文档的全局排序。然后用这些全局相似度或全局排序来估计每个搜索引擎对于查询q的可用性，这种方法基于如下假设：每个来自搜索引擎S_i的样本文档表记搜索引擎S_i中的$|S_i|/|SD(S_i)|$个文档。不同的方法通常使用不同搜索引擎有用性的度量。在本节中，我们介绍其中的3种方法。Shokouhi and Si[2011]给出了一个更完整的基于样本文档的搜索引擎选择方法的综述。

相关文档分布估计(Relevant Document Distribution Estimation，ReDDE)算法[Si and Callan，2003b]首先估计每个搜索引擎中有多少个文档与任一给定查询是相关的，然后根据所估计的数目降序排列这些搜索引擎。用RelN(S，q)表示搜索引擎S中与查询q相关的文档数目。RelN(S，q)可以用下式计算：

$$\mathrm{RelN}(S,q)=\sum_{d\in S}\Pr(\mathrm{rel}\mid d)\Pr(d\mid S)\mid S\mid \tag{3-2}$$

其中 $\Pr(\mathrm{rel}\mid d)$表示 S 中一个文档与查询 q 的相关概率。$\Pr(d\mid S)$是 d 被 S 选择的概率，$|S|$表示 S 中文档的数目。基于 SD(S)代表 S 中文档的假设，RelN(S，q)可以用下式估计：

$$\mathrm{RelN}(S,q)\approx\sum_{d\in \mathrm{SD}(S)}\Pr(\mathrm{rel}\mid d)\Pr(d\mid \mathrm{SD}(S))\mid S\mid \tag{3-3}$$

其中从 SD(S)选中一个给定文档 d 的概率是 $1/|\mathrm{SD}(S)|$。为了用式(3-3)估计 RelN(S，q)，我们需要估计 $\Pr(\mathrm{rel}\mid d)$－SD(S)中任一给定文档与查询 q 相关的概率。这是信息检索中的一个基本问题，而且不存在解决这个问题的一般方法。定义 $\Pr(\mathrm{rel}\mid d)$的一种可能的方法如下：基于 CD 中所有文档与查询 q 的全局相似度，得到给定文档 d 在 CD 中所有文档中的排序[Si and Callan，2003b]，用 d 的排序情况得到的相关性概率作为 $\Pr(\mathrm{rel}\mid d)$。具体地，用 rank(d，CD)表示文档 d 在 CD 的所有文档中的排序，则 rank(d，CD)和 $\Pr(\mathrm{rel}\mid d)$之间的联系定义如下：

$$\Pr(\mathrm{rel}|d)=\begin{cases}c_q & 若\ \mathrm{rank}(d,\mathrm{CD})<r|\mathrm{CD}| \\ 0 & 其他\end{cases} \tag{3-4}$$

其中 c_q是一个查询依赖常数(文献[Si and Callan，2003b]实验表明当 $0.002\leqslant c_q\leqslant 0.005$ 时效果不错)，i 是一个阈值，用来表示 CD 中有机会与查询 q 相关的文档的百分比(文献[Si and Callan，2003b]中使用 $r=0.003$)。基本上，式(3-4)意味着 CD 中排序在前 $r|\mathrm{CD}|$ 的文档与查询 q 相关的概率为 c_q。由于式(3-4)中的 rank(d，CD)并非直接可用，所以需要估计。可以根据集中样本文档集合 CSD 中不同文档的排序来估计 rank(d，CD)[Si and Callan，2003b]：

$$\mathrm{rank}(d,\mathrm{CD})=\sum_{d_i:\mathrm{rank}(d_i,\mathrm{CSD})<\mathrm{rank}(d,\mathrm{CSD})}\frac{|S_i|}{|\mathrm{SD}(S_i)|} \tag{3-5}$$

其中 d_i是 S_i中的一个文档。此式有一个隐含的假设，即 SD(S_i)中的每个文档表示 S_i中的 $|S_i|/|\mathrm{SD}(S_i)|$ 个文档。这样，对于每个在 CSD

中排序在 d 之前的文档 d_i，在 CD 中有 $|S_i|/|SD(S_i)|$ 个文档排在 d 之前。

ReDDE 算法的一个问题是：此算法对搜索引擎的排序有利于召回率度量(recall measure)(具有越多相关文档的搜索引擎排序越高)，然而却很少关注查准率度量(precision measure)(也就是说，每个搜索引擎中相关文档的排序没有被考虑)。另一方面，许多搜索应用更喜欢具有高查准率的结果。

一致效益最大化框架(Unified Utility Maximization framework，UUM)算法[Si and Callan，2004]可以调整性能目标，也就是说，可以根据需求选择高召回率或高查准率作为目标。UUM 使用一种更精妙的方法来估计不同搜索引擎文档的相关性概率。为了将基于 CD 的全局相似度映射为相关性概率，此方法使用一组训练查询集合和人工相关性判断，对每个训练查询及检索到的文档集合建立一个 logistic 模型。

当用户提交了一个新的查询 q 时，UUM 首先使用曲线拟合技术，用 CSD 中样本文档的全局相似度来估计每个搜索引擎 S_i 中所有文档的全局相似度。具体地，把 $SD(S_i)$中的文档按其全局相似度降序排列，假设排序第 j 位的文档 d_j 在 S_i 所有文档中排序第 k_j 位，其中 $k_j=(j/2)\times|S_i|/|SD(S_i)|$(即假设 $SD(S_i)$中每个样本文档表记 S_i 中 $|S_i|/|SD(S_i)|$ 个文档，并且这个样本文档排序在这些文档的中间)。针对 $SD(S_i)$中文档的全局相似度和排序位置形成的点列，可以使用线性内插值法(linear interpolation)生成一条曲线，进而根据 S_i 中所有文档的排序来估计它们全局相似度的分布。使用上述训练的 logistic 模型，这些全局相似度可以映射为对于查询 q 的相关性概率。

把不同的本地排序映射为不同的相关性概率的能力使调整性能目标变得容易。具体来说，如果目标是获得高召回率，那么 UUM 估计每个搜索引擎中相关文档的数目，并按该数目降序排列搜索引擎。这与 ReDDE 算法是相似的，只不过 UUM 采用了一种新的方法来估计相关性概率。如果目标是获得高查准率，UUM 估计每个搜索引擎关于查询 q 的排序靠前的相关文档的数目，并根据所估计的数目对搜索引擎进行排序。

基于集中排序的集合选择(Central-Rank-based Collection Selection，CRCS)方法[Shokouhi，M.，2007]，对一个给定的查询 q，基于两个因素计算每个搜索引擎的排序分数，并据此分数对搜索引擎排序。在集中样本文档集合 CSD 上处理查询 q 之后，第一因素是每个搜索引擎中不同样本文档的排序位置。第二因素是每个搜索引擎中可以用一个样本文档表示的该搜索引擎中文档的平均数。用 $\mathrm{rs}(S_i, q)$表示 S_i 关于查询 q 的排序分数。

CRCS 首先在 CSD 上处理查询 q，基于全局相似度得到一个 CSD 中文档的排序列表(用 RL 表示)。直观上，如果 $\mathrm{SD}(S_i)$中的一个文档在 RL 中排序越高，那么该文档对确定 S_i 关于查询 q 的有用性就越有影响力。CRCS 使用以下函数来度量这种影响力(impact)：

$$\mathrm{imp}(d_j)=\begin{cases}\gamma-j & \text{若 } j<\gamma \\ 0 & \text{其他}\end{cases} \tag{3-6}$$

其中 d_j 是 RL 中排序为第 j 的文档；γ 是一个排序阈值，其含义是在 RL 中仅前 γ 个文档被认为有影响力(文献[Shokouhi，M.，2007]中使用$\gamma=50$)。文献[Shokouhi，M.，2007]中也考虑了另一个影响力函数：

$$\mathrm{imp}(d_j)=\alpha\exp(-\beta j) \tag{3-7}$$

其中 α 和 β 是两个常数参数，分别设置为 1.2 和 2.8。根据文献[Shokouhi，M.，2007]的实验结果，式(3-7)产生的结果略优于式(3-6)。

$\mathrm{SD}(S_i)$中每个样本文档大体上代表 S_i 中的 $|S_i|/|\mathrm{SD}(S_i)|$ 个文档。因此，一个来自有更大 $|S|/|\mathrm{SD}(S)|$ 比率的搜索引擎的样本文档将有更大的影响力。换言之，样本文档的影响力应按上述比率加权。用最大的搜索引擎的大小(其大小表示为 $\max S$)可以对该比率进行规范化[Shokouhi，M.，2007]。

上述讨论可以概括如下：当把 CSD 中的文档针对一个查询排序时，

含有更多高排序的样本文档并且其样本文档可以代表更多文档的搜索引擎应该具有高排序。据此概括，可使用下式计算搜索引擎 S_i 对于查询 q 的排序分数[Shokouhi，M.，2007]：

$$\mathrm{rs}(S_i, q) = \frac{|S_i|}{\max S \times |\mathrm{SD}(S_i)|} \sum_{d \in \mathrm{SD}(S_i)} \mathrm{imp}(d) \tag{3-8}$$

最后，对搜索引擎按照式(3-8)计算的排序分数进行降序排列。

3.4 统计表记方法

一个搜索引擎的统计表记(statistical representative)通常考虑该搜索引擎索引的每一个文档的每个词，并为每一个这样的词保存一个或多个统计值。所以这种类型的表记允许更准确的估计搜索引擎对于任一给定查询的可用性。因此，文献中已经提出的绝大多数搜索引擎选择算法都是基于统计表记的，这是不值得惊讶的。在本节中，我们描述 5 个这样的方法。

3.4.1 D-WISE

在 D-WISE 元搜索引擎中[Yuwono and Lee，1997]，一个搜索引擎的表记由该搜索引擎的文档集合中的每个词的文档频率和该文档集合的大小(即文档的数目)组成。因此，一个具有 n 个不同词的搜索引擎的表记除了有该 n 个词外，还包括 $n+1$ 个数值(这 n 个词的文档频率和该搜索引擎的大小)。在下面的讨论中，我们用 n_i 表示第 i 个搜索引擎 S_i 索引的文档数目，df_{ij} 表示 S_i 中词 t_j 的文档频率。

在 D-WISE 中，所有成员搜索引擎的表记都用来计算每个搜索引擎对于给定查询 q 的排序分数。这些分数度量所有搜索引擎对于查询 q 的有用性。针对查询 q，如果搜索引擎 S_1 的分数高于搜索引擎 S_2，那么认为 S_1 比 S_2 对 q 更相关。排序分数的计算如下。首先，对于搜索引擎 S_i，

每个查询词 t_j 的线索有效性(cue validity)CV_{ij} 用下式计算：

$$\mathrm{CV}_{ij}=\frac{\dfrac{\mathrm{df}_{ij}}{n_i}}{\dfrac{\mathrm{df}_{ij}}{n_i}+\dfrac{\sum_{k\neq i}^{N}\mathrm{df}_{kj}}{\sum_{k\neq i}^{N}n_k}} \tag{3-9}$$

其中 N 是元搜索引擎中成员搜索引擎的个数。直观上，CV_{ij} 度量 S_i 中包含词 t_j 的那些文档相对于所有其他搜索引擎中包含词 t_j 的文档的百分比。与其他搜索引擎相比，如果 S_i 中包含词 t_j 的文档的百分比较高，那么 CV_{ij} 倾向于有一个较大的值。接下来，针对所有成员搜索引擎，每个查询词 t_j 的那些 CV_{ij} 的方差 CVV_j 用下式计算：

$$\mathrm{CVV}_j=\frac{\sum_{i=1}^{N}(\mathrm{CV}_{ij}-\mathrm{ACV}_j)^2}{N} \tag{3-10}$$

其中 ACV_j 是词 t_j 跨越所有成员搜索引擎的全部 CV_{ij} 的平均值。值 CVV_j 可以解释为度量查询词 t_j 跨越所有成员搜索引擎分布的偏离。对于两个词 t_u 和 t_v，如果 CVV_u 大于 CVV_v，那么在区分不同成员搜索引擎时词 t_u 比词 t_v 更有用。作为一个极端情况，如果包含一个词的文档的百分比在每个搜索引擎中都是相同的，那么这个词对搜索引擎的选择是无用的(在此情况下，该词的 CVV 将是 0)。最后，成员搜索引擎 S_i 对于查询 q 的排序分数用下式计算：

$$r_i=\sum_{j=1}^{k}\mathrm{CVV}_j\times\mathrm{df}_{ij} \tag{3-11}$$

其中 k 是该查询中词的个数。可以看出，S_i 的排序分数是 S_i 中所有查询词的文档频率的加权和，其权重为每个查询词的 CVV(前面说过，一个词的 CVV 值反映了该词的区别能力)。直观地，排序分数提供了在所有成员搜索引擎中有用查询词集中在哪里的线索。如果一个搜索引擎有很多有用的查询词，而且在该搜索引擎中包含每个有用查询词的文档的百分比都高于其他搜索引擎，那么该搜索引擎将有高排序分数。对于一个给定的查询，当所有搜索引擎的排序分数计算出来之后，对于该查询将选择分数最高的一些搜索引擎进行搜索。

在 D-WISE 中，一个搜索引擎的表记包含两个量：一是该搜索引擎中每个不同词的文档频率；二是搜索引擎的大小，也就是该搜索引擎中文档的数目。因此，这种方法是高度可扩展的。计算也简单。不过，这种方法存在两个问题。第一，排序分数是相对分数。因此，对于一个给定的查询，确定一个搜索引擎的实际有用性将是困难的。对于一个给定的查询，如果没有好的搜索引擎，那么即使排序最前的搜索引擎对查询几乎也是无价值的。另一方面，如果对另一个查询有很多好的搜索引擎，那么即使排序第 10 的搜索引擎可能仍然非常有用。在区分这些情况时，相对排序分数不是很有用。第二，这种方法的准确性值得怀疑，因为它不区分如下情况：例如，一个词在一个文档中出现 1 次，而该词在另一个文档中出现 100 次。

3.4.2　CORI Net

在文档集检索推理网络（Collection Retrieval Inference Network，CORI Net）方法[Callan et al.，1995]中，一个搜索引擎的表记由每个不同词的*文档频率*（document frequency）组成。此外，元搜索引擎也包含每一个词的*文档集频率*（collection frequency），即包含该词的成员搜索引擎的数目。

对一个给定查询 q，在 CORI Net 中，一个用于 INQUERY 文档检索系统[Callan et al.，1992]，叫作*推理网络*（inference network）[Turtle and Croft.，1991]的文档排序技术被扩展为对所有成员搜索引擎针对查询 q 的排序。这种扩展主要是概念性的，其主要思想是把一个搜索引擎的表记当作一个超级文档，并将所有表记的集合当作一个超级文档的集合。直观地，一个搜索引擎的表记在概念上可以认为是一个超级文档，它包含该搜索引擎的文档集合中所有不同的词。如果一个词出现在这个搜索引擎的 k 个文档中，那么我们在其超级文档中重复该词 k 次。这样，这个搜索引擎中一个词的文档频率成为了其超级文档中该词的词频（term frequency）。一个元搜索引擎中所有成员搜索引擎的全体超级文档形成一个超级文档集合。用 C 表示这个包括所有超级文档的集合。这样，一个词的原始集合频率(collection frequency)成为 C 中词的文档频率。因此，从所有成员搜索引擎的表记，我们能够得到每个超级文档中每一个词的词频和文档频率。原则上，tfw×idfw(词频权重乘以逆文档频率权重)公式现在可以用来计算每个超级文档中每个词的权重，从而把每个超级文档表示为一个有权重的词的向量。而且，相似度函数，如余弦函数(式(1-2))，可以用来计算所有超级文档(即搜索引擎表记)与查询 q 的相似度(排序分数)，并且这些相似度可以用来对所有成员搜索引擎进行排序。CORI Net 使用的搜索引擎排序方法是基于概率方法的推理网络。

在 CORI Net 中，对于查询 q，一个搜索引擎的排序分数是该搜索引擎包含有用文档的一个估计可信度。对于每个查询词，可信度本质上是搜索引擎包含有用文档的联合概率。更具体地说，该可信度的计算如下所述。假设用户查询包含 k 个词 t_1，…，t_k。用 N 表示元搜索引擎中成员搜索引擎的个数。设 df_{ij} 是第 i 个搜索引擎 S_i 中第 j 个词 t_j 的文档频率，cf_j 是 t_j 的集合频率。首先，由于词 t_j，搜索引擎 S_i 包含有用文档的可信度可如下计算：

$$p(t_j \mid S_i) = c_1 + (1 - c_1) T_{ij} I_j \tag{3-12}$$

其中

$$T_{ij} = c_2 + (1 - c_2) \frac{\mathrm{df}_{ij}}{\mathrm{df}_{ij} + K} \tag{3-13}$$

是对应于 S_i 的超级文档中计算 t_j 的词频权重的一个公式，并且

$$I_j = \frac{\log\left(\dfrac{N + 0.5}{\mathrm{cf}_j}\right)}{\log(N + 1.0)} \tag{3-14}$$

是基于所有超级文档计算 t_j 的逆文档频率权重的一个公式。在式(3-12)和式(3-13)中，c_1 和 c_2 是介于 0 和 1 之间的两个常数，$K = c_3((1 - c_4) + c_4 \times \mathrm{cw}_i / \mathrm{acw})$ 是 S_i 中单词(word)数目的一个函数，其中 c_3 和 c_4 是两个常数，cw_i 是 S_i 中不同词的个数，acw 是成员搜索引擎中不同词的

平均个数。这些常数的值(c_1、c_2、c_3和c_4)可以通过一些测试集由实验确定。注意，本质上$p(t_j \mid S_i)$的值是对应于搜索引擎S_i的超级文档中词t_j的 tfw×idfw 权重。其次，词t_j描述查询q的重要性，记为$p(q \mid t_j)$，可以被估计出来，例如，可以将其估计为查询q中查询词t_j的权重。最后，S_i对于查询q包含有用文档的可信度，或S_i的排序分数，可以用下式估计：

$$r_i = p(q \mid S_i) = \sum_{j=1}^{k} p(q \mid t_j) p(t_j \mid S_i) \tag{3-15}$$

在 CORI Net 中，一个搜索引擎的表记针对每个词包含稍微多于一条的信息(即文档频率以及所有成员搜索引擎共享的集合频率)。因此，CORI Net 方法也具有相当好的可扩展性。表示每个成员搜索引擎的信息也很容易获取和维护。CORI Net 方法的一个优点是，对于一个查询，可以用同样的方法来计算一个文档的排序分数以及一个搜索引擎的排序分数(通过搜索引擎的表记或超级文档)。文献[Xu and Callan，1998]证明：如果短语信息被收集并存储在每个搜索引擎的表记中，且用基于一种称为本地上下文分析(local context analysis)[Xu and Croft，1996]的技术扩展查询，那么 CORI Net 方法可以更准确地选择有用的搜索引擎。

3.4.3 gGlOSS

在服务器之服务器扩展词汇表(generalized Glossary Of Servers'Server，gGlOSS)系统中[Gravano and Garcia-Molina，1995]，用(df_i，W_i)数值对的一个集合来描述每个成员搜索引擎，其中 df_i是第i个词t_i在该成员搜索引擎中的文档频率，W_i是该成员搜索引擎的所有文档中t_i的权重之和。在 gGlOSS 系统中，对于每个查询，有一个阈值T，它表明用户只对那些查询的相似度高于T的文档感兴趣。关于一个查询q和一个相似度阈值T，定义搜索引擎S的有用性如下：

$$\text{usefulness}(S, q, T) = \sum_{d \in S \cap \text{sim}(d,q) > T} \text{sim}(d, q) \tag{3-16}$$

其中 sim(d，q)表示文档d和查询q的相似度。每个成员搜索引擎的有用性用作该搜索引擎的排序分数。

我们现在需要用式(3-16)来估计任一给定的成员搜索引擎的有用性。研究发现进行直接估计是困难的。在 gGlOSS 中提出的两种估计有用性的方法都基于如下两个假设：

- 高相关假设(high-correlation assumption)：对于任一给定的成员搜索引擎，如果包含查询词 t_i 的文档个数不小于包含查询词 t_j 的文档个数，那么每个包含词 t_j 的文档也包含词 t_i。
- 不相交假设(disjointness assumption)：对于任一给定的成员搜索引擎和任意两个查询词 t_i 和 t_j，包含 t_i 的文档集合与包含 t_j 的文档集合不相交。

不难看出，上述两个假设在实际中是不大可能成立的。因此，根据这些假设估计的搜索引擎的有用性将是不准确的。另一方面，在 gGlOSS 中提出的这两种估计方法，基于高相关假设的方法倾向于高估有用性，而基于不相交假设的方法倾向于低估有用性。既然由这两个公式得出的两个估计值倾向于成为真正有用性的上界和下界，那么同时使用这两种方法比单独使用其中一种方法更有用。

对于搜索引擎 S，我们现在讨论这两种估计方法。考虑查询 $q=(q_1, \ldots, q_k)$，T 是相关的阈值，其中 q_i 是 q 中词 t_i 的权重。进一步假设相似度函数 sim( )是内积函数。

1. 高相关情况

把查询词按照文档频率升序排列，即对任意 $i<j$，有 $\mathrm{df}_i \leqslant \mathrm{df}_j$。基于高相关假设，对任意 $j>i$，每个包含 t_i 的文档也包含 t_j。这样，有 df_1 个每个都与 q 的相似度为 $\sum_{i=1}^{k} q_i \dfrac{W_i}{\mathrm{df}_i}$ 的文档。总的说来，有 $\mathrm{df}_j - \mathrm{df}_{j-1}$ 个每个都与 q 的相似度为 $\sum_{i=j}^{k} q_i \dfrac{W_i}{\mathrm{df}_i}$ 的文档，$1 \leqslant j \leqslant k$ 且 df_0 定义为 0。令 p 是 1 到 k 之间的一个整数，且满足 $\sum_{i=p}^{k} q_i \dfrac{W_i}{\mathrm{df}_i} > T$ 和 $\sum_{i=p+1}^{k} q_i \dfrac{W_i}{\mathrm{df}_i} \leqslant T$。

那么，这个搜索引擎的有用性可以估计为：

$$\text{usefulness}(S,q,T)=\sum_{j=1}^{p}(\text{df}_j-\text{df}_{j-1})\left(\sum_{i=j}^{k}q_i\frac{W_i}{\text{df}_i}\right)$$

$$=\sum_{j=1}^{p}q_jW_j+\text{df}_p\sum_{j=p+1}^{k}q_j\frac{W_j}{\text{df}_j} \tag{3-17}$$

2. 不相交情况

根据不相交假设，每个文档最多可以包含一个查询词。这样，有 df_i 个文档包含词 t_i 且每个这样的文档与查询 q 的相似度为 q_iW_i/df_i。因此，在不相交情况下成员搜索引擎 S 的有用性可以估计为：

$$\text{usefulness}(S,q,T)=\sum_{i=1,\ldots,k\,|\,\text{df}_i>0\cap q_i\frac{W_i}{\text{df}_i}>T}\text{df}_iq_i\frac{W_i}{\text{df}_i}$$

$$=\sum_{i=1,\ldots,k\,|\,\text{df}_i>T\cap q_i\frac{W_i}{\text{df}_i}>T}q_iW_i \tag{3-18}$$

在 gGlOSS 中，搜索引擎的有用性对使用的相似度阈值是敏感的。因此，通过选择一个合适的阈值 T，gGlOSS 可以区分一个有很多合适相似文档的搜索引擎和一个有少数高度相似文档的搜索引擎。这在D-WISE和CORI Net 中是不可能的。对于一个给定的搜索引擎，gGlOSS 的搜索引擎表记的大小是 D-WISE 方法的搜索引擎表记大小的两倍。gGlOSS 用来估计搜索引擎有用性的计算较为简单，可以快速地完成。

3.4.4 潜在有用文档数目

对于一个给定的查询，一个值得关注的搜索引擎有用性度量是一个搜索引擎中潜在的有用文档的数目。对于每次搜索收取费用的搜索服务，这种度量是有用的。如果费用独立于检索文档的数目，那么从用户的角度来看，若一个成员搜索引擎包含了大量相似但未必最相似的文档，而另一个成员系统仅包含少许最相似的文档，则前者更可取。另一方面，如果收取费用是针对每个检索到的文档，那么仅有少数最相似文档的成员搜索引擎将成为首选。对于一个给定的查询，如果搜索引擎中潜在有用文档的个数能够估计，那么这种类型的收费政策可以添加到元搜索引擎的搜索引擎选择器中。

用 S 表示一个成员搜索引擎，sim(q，d)是查询 q 与 S 中文档 d 之间的一个*全局相似度*(global similarity)。这里的全局相似度是使用元搜索引擎定义的全局相似度函数计算的，该相似度函数基于各词的全局统计信息。例如，如果使用一个词的文档频率，那么它就是词的全局文档频率，也就是在所有成员搜索引擎中包含该词的文档总数。设 T 是一个相似度阈值，用于定义什么是一个潜在有用的文档。也就是说，对于任何文档，若其与 q 的相似度高于 T，则此文档被认为是潜在有用的。对于查询 q，现在可以如下准确地定义 S 中潜在有用文档的数目为：

$$\mathrm{NoDoc}(S,q,T)=|\{d\,|\,d\in S\cap \mathrm{sim}(d,q)>T\}| \tag{3-19}$$

其中 $|X|$ 表示集合 X 的大小。

对于查询 q，如果能够准确估计 NoDoc(S，q，T)，那么搜索引擎选择器可以简单地选择那些具有最多潜在有用性文档的搜索引擎进行搜索。

当全局相似度函数是*内积函数*(dot product function)时(广泛使用的*余弦函数*是一种特殊的具有规范化词权重的*内积函数*)，已经有人提出了一个基于生成函数的方法来估计 NoDoc(S，q，T)[Meng et al.，1998]。在此方法中，搜索引擎的表记包括 n 个不同词所得到的 n 个对 $\{(p_i, w_i); i=1, \ldots, n\}$，其中 p_i 是词 t_i 出现在 S 的一个文档中的概率(注意 p_i 就是词 t_i 在 S 中的文档频率除以 S 中文档的数目)，w_i 是包含 t_i 的文档集合中 t_i 的平均权重。设(q_1，q_2，...，q_k)为查询 q 的查询向量，其中 q_i 是查询词 t_i 的权重。这里，q_i 结合了全局逆文档频率和 t_i 的词频。

考虑下面的生成函数：

$$\prod_{i=1}^{k}(p_i X^{w_i q_i}+(1-p_i)) \tag{3-20}$$

展开生成式(3-20)之后，并且将同类项 X^s 的系数进行合并，得到

$$\sum_{i=1}^{c} a_i X^{b_i} \quad b_1 > b_2 > \cdots > b_c \tag{3-21}$$

可以证明，如果这些词是独立的，并且只要 t_i 出现在一个文档中，词 t_i 的权重就是 w_i(w_i 已经在搜索引擎表记中给出，$1 \leqslant i \leqslant k$)，那么 a_i 是 S 中的一个文档的概率且查询 q 具有相似度 b_i[Meng et al.，1998]。因此，如果 S 有 n 个文档，那么 S 中查询 q 具有相似度 b_i 的文档个数的期望值为 $n*a_i$。对一个给定的相似度阈值 T，设 C 为满足 $b_C > T$ 的最大整数。于是 NoDoc(S，q，T)可用下式估计：

$$\mathrm{NoDoc}(S,q,T)=\sum_{i=1}^{C} n a_i = n\sum_{i=1}^{C} a_i \tag{3-22}$$

上述解决方案有两个限制性假设。第一个是**词独立性假设**(term independence assumption)，第二个是**一致词权重假设**(uniform term weight assumption)(即一个词在包含该词的所有文档中的权重是相同的——平均权重)。在实践中这些假设减小了估计 NoDoc(S，q，T)的准确度。处理词独立性假设的一种方法是利用词对、词三元组等之间的**协方差**(covariance)，并将其纳入生成函数(式(3-20)[Meng et al.，1998]。这种方法的问题是，由于有众多的协方差，所以表示一个成员搜索引擎的表记的存储开销会变得太大。一种补救办法是仅使用一些重要的协方差，即那些绝对值显著大于零的协方差。另一种方法是结合词之间的依赖关系而将某些相邻词合并为一个单一词[Liu et al.，2002a]。这类似于识别词组。

文献[Meng et al.，1999a]提出了一种称为**基于子区间的估计方法**(subrange-based estimation method)来处理一致词权重假设。假设一个词 t_i 出现在一个文档集中，这种方法把该词的一些实际权重分为多个长度可能不同的不相交区间。对于每个子区间，在假设该词的权重分布是**正态的**(normal)基础上估计权重的中位数。这个估计需要把词的权重

的标准差加入搜索引擎表记。这样，落入一个给定子区间的 t_i 的权重被近似为该子区间权重的中位数。使用这个近似权重，对于一个包含 t_i 的查询，生成函数式(3-20)中的多项式 $p_i X^{w_i q_i}+(1-p_i)$ 可用如下多项式代替：

$$p_{i1} X^{wm_{i1} q_i}+p_{i2} X^{wm_{i2} q_i}+\cdots+p_{ir} X^{wm_{ir} q_i}+(1-p_i)$$

其中 p_{ij} 是词 t_i 出现在搜索引擎 S 的一个文档中的概率并在第 j 个子区间有一个权重，wm_{ij} 是 t_i 在第 j 个子区间中的权重的中位数，$j=1,...,r$，并且 r 是所用子区间的个数。在获得新的生成函数之后，估计过程的其余部分与前面描述的相同。文献[Meng et al.，1999b]证明：如果每个词的最大规范化权重(maximum normalized weight)，即该词在 S 的所有文档中的最大规范化权重，其自身用作一个子区间(即最高子区间)，那么搜索引擎有用性估计的准确度可以显著提高。

上述方法虽然能够产生准确的估计，但是存储开销大。此外，扩展生成函数的计算复杂度是指数的。因此，它们更适合于短查询。

3.4.5 最相似文档的相似度

另一个有用的度量是在一个搜索引擎中与一个给定查询最相似文档的全局相似度。一方面，这一度量表示我们可以从一个搜索引擎中期待的最好情况，因为在该搜索引擎中不存在其他文档与查询有更高的相似度。另一方面，给定一个查询，对于从所有搜索引擎中检索 m 个最相似文档，这个度量可以用来对搜索引擎优化排序，其中 m 是任意给定的正整数。

基于全局相似度函数，假设用户要求元搜索引擎从 N 个成员搜索引擎 S_1，S_2，…，S_N 查找与其查询 q 最相似的 m 个文档。下面定义这些搜索引擎对于一个查询的最优顺序。

定义 3.2 对于查询 q，N 个搜索引擎的一个排序[S_1，S_2，…，

S_N]被称为最优的，如果对于任意 m，存在一个 k 使得 S_1，S_2，…，S_k 包含那 m 个最相似的文档且每个 S_i，$1 \leqslant i \leqslant k$，都包含这 m 个最相似文档中的至少一个。

直觉上，定义3.2给出的排序是最优的，因为对于查询 q，无论 m 的值是多少，那 m 个所需文档总是包含在前 k 个搜索引擎中，且这 k 个搜索引擎中的每一个贡献了至少一个所需文档。

下面的命题给出了对于查询 q 搜索引擎 S_1，S_2，…，S_N 是最优排序的充分必要条件[Yu et al.，2002]。为了简单起见，这个命题假设所有文档与该查询有不同的相似度，因此，m 个最相似的文档集合对于该查询是唯一的。

命题3.3 搜索引擎排序[S_1，S_2，…，S_N]对于查询 q 是最优排序当且仅当它们是按每个搜索引擎中最相似文档的相似度以降序排列的。

注意，上述充分必要条件独立于所用的计算全局相似度的相似度函数。事实上，如果存在一个给文档赋予相关度的相关性函数，同样的结果也将成立。因此，该条件能够适用于所有类型的搜索引擎，包括图像、音频和视频搜索引擎。

基于元搜索引擎使用的全局相似度函数，用 msim(S，q)表示搜索引擎 S 中与查询 q 最相似文档的相似度。命题3.3表明，如果 N 个搜索引擎的排序满足 msim(S_1，q)>msim(S_2，q)>...>msim(S_N，q)，那么[S_1，S_2，…，S_N]是对于查询 q 的一个最优排序。如果知道所有成员搜索引擎对于查询 q 的最优排序，那么搜索引擎选择器就能够为查询 q 选择排序靠前的搜索引擎进行搜索。注意，如果不是所有文档与查询的相似度都不同，命题3.3仍然成立(需要在命题中将“以降序”改为“以非升序”)，但是最优排序可能不唯一。在此情况下，对任意正整数 m，存在一个 k，使得前 k 个搜索引擎包含一个由 m 个文档构成的集合，在所有文档中这 m 个文档与查询 q 具有最高的相似度，而且这些搜索引擎中每一个都包含这个文档集合中的至少一个。

为了在实际中应用命题 3.3，我们需要知道每个成员搜索引擎 S 对于任意给定查询 q 的 msim(S，q)。关于任意查询 q 以及使用某种搜索引擎表记的任意搜索引擎 S，我们现在讨论如何估计 msim(S，q)。针对 S，一种方法是利用式(3-21)。我们可以按指数的降序扫描该式，直到对于某个 r，$\sum_{i=1}^{r} a_i n$ 接近于 1，其中 n 是 S 中文档的数目。这样，当 S 中相似度大于或等于 b_r 的文档数目的期望值接近 1 时，指数 b_r 是 msim(S，q)的一个估计值。此解决方案的缺点是，它需要一个大的搜索引擎表记且计算量是查询词数目的指数复杂度。

我们现在介绍一种更快速的方法来估计 msim(S，q)[Yu et al.，2002]。在这种方法中，有两种类型的表记。一个是针对所有成员搜索引擎的全局表记。对每个不同的词 t_i，全局逆文档频率权重(gidf_i)存储在这个表记中。每个成员搜索引擎 S 都有一个本地表记。对 S 中的每个不同的词 t_i，存储一对数值(mnw_i，anw_i)，其中 mnw_i 和 anw_i 分别是词 t_i 的最大规范化权重(maximum normalized weight)和平均规范化权重(average normalized weight)。设 d_i 是词 t_i 在文档 d 中的权重。那么词 t_i 在 d 中的规范化权重是 $d_i/|d|$，其中 $|d|$ 表示 d 的长度。在搜索引擎 S 中，词 t_i 的最大规范化权重和平均规范化权重分别是词 t_i 在 S 中的所有文档的规范化权重的最大值和平均值。设 $\boldsymbol{q}=(q_1, \ldots, q_k)$ 为查询向量，那么 msim(S，$\boldsymbol{q}$)可以用下式估计：

$$\mathrm{msim}(S,\boldsymbol{q}) = \max_{1\leqslant i\leqslant k}\Big\{q_i \times \mathrm{gidf}_i \times \mathrm{mnw}_i + \sum_{1\leqslant j\leqslant k, j\neq i} q_j \times \mathrm{gidf}_j \times \mathrm{anw}_j\Big\} / |\boldsymbol{q}| \tag{3-23}$$

这个估计公式的直观含义如下。一个搜索引擎中的最相似文档很可能对某个查询词有最大规范化权重，比如说 t_i。这就产生了上式在括号内的前半部分。对于每一个剩余的查询词，文档取平均规范化权重，这用上式的后半部分表示。最大值针对所有的查询词进行取值，因为最相似文档可能对 k 个查询词中的任一个有最大规范化权重。用查询长度规范化，定义为 $|\boldsymbol{q}|=\sqrt{q_1^2+\ldots+q_k^2}$，产生一个小于或等于 1 的值。式(3-23)的基本假设是每个查询中的词是独立的。词之间的依赖在一定

程度上可以从存储的搜索引擎表记中的词组统计信息(即 mnw 和 anw)得到，即把每个词组作为一个词处理。

在这种方法中，每一个搜索引擎用每个词的两个数值来表示，另外所有搜索引擎共享一个全局表记。容易看出使用式(3-23)，估计是查询词数目的线性复杂度。

一个词的最大规范化权重通常大于该词平均规范化权重的两个或以上的数量级[Wu et al.，2001]。原因是一个词的平均规范化权重是根据所有文档来计算的，包括那些不含该词的文档。这一观察意味着，在式(3-23)中，如果所有查询词有相同的 tf 权重(这是一个合理的假设，因为在一个典型的查询中，每个词出现一次)，那么 $\mathrm{gidf}_i \times \mathrm{mnw}_i$ 可能远大于 $\sum_{j=1,\ j\neq i}^{k} \mathrm{gidf}_j \times \mathrm{anw}_j$，特别是查询词的个数 k 较小时，这在因特网环境中通常是成立的。换言之，搜索引擎对于一个给定查询 q 的排序很大程度上取决于 $\max_{1\leqslant i\leqslant k}\{q_i \times \mathrm{gidf}_i \times \mathrm{mnw}_i\}$ 的值。这导致以下更具扩展性的公式来估计 msim(S，q)[Wu et al.，2001]：

$$\mathrm{msim}(S,q)=\max_{1\leqslant i\leqslant k}\{q_i \times \mathrm{am}_i\} \qquad (3\text{-}24)$$

其中 $\mathrm{am}_i=\mathrm{gidf}_i \times \mathrm{mnw}_i$ 称为 S 中词 t_i 的调整后最大规范化权重(adjusted maximum normalized weight)。对于搜索引擎中每个不同的词，该式只需要一条信息，即 am_i，保存在该搜索引擎的表记中。

对于具有数十万成员搜索引擎的真正的大规模元搜索引擎，为每个成员搜索引擎保存一个单独的搜索引擎表记对于高计算效率和高存储效率可能是不切实际的。具体地，不仅需要存储数十万的搜索引擎表记，而且对每个查询，还需要估计这些搜索引擎中的最相似文档的相同相似度数。克服这些低效率的一种方案是将所有成员搜索引擎的表记集成为一个单一的集成的表记[Meng et al.，2001]。用 am(t，S)表示搜索引擎 S 中词 t 的调整后最大规范化权重。对每个词 t，在所有成员搜索引擎的 am 中，对一个较小的整数 r(比如≤50)，集成的表记仅保留 r 个最大的 am 而抛弃其他的 am。其思想是，对于包含 t 的查询，如果一个成员搜索引擎不包含 t 的 r 个最大权重之一，那么该搜索引擎不大可能属于最有用的搜索引擎之中。如果关于 t 的 am(t，S)保存在集成表记中，那么搜索引擎 S 的 id＃也同时被保存。换言之，对于 t，在集成表记中最多保存 r 个值对(am(t，S_i)，id＃(S_i))。

基于集成的表记，可以采用以下快速的搜索引擎排序过程：对于查询 q，首先针对 q 中的每个词 t 找出其相应的 r 个值对(am(t，S_i)，id＃(S_i))；然后针对这些值对中每个 id＃表示的搜索引擎使用式(3-24)估计其最相似文档的相似度；最后按这些数值降序排列搜索引擎。显然，如果 q 有 k 个不同的词，那么至多需要估计 rk 个相似度，独立于元搜索引擎中成员搜索引擎的个数。对于一个典型的具有 2～3 个词的因特网查询，当 $r=50$ 时，只需通过 100～150 次简单计算就可把所有成员搜索引擎近似优化地排序。因此，该方法在计算方面是高度可扩展的。

上述集成表记的大小也可以扩展到几乎无限数目的搜索引擎。假设不同词的数目有一个大概的上界，比如说 M 为 1000 万，无论元搜索引擎中成员搜索引擎的个数是多少。对每个词，集成表记存储 $2r$ 个值(r 个最大的调整后最大规范化权重和 r 个搜索引擎标识符)。因此，该表记总的大小的上界为$(10+4\times 2r)M$ 字节，其中假设每个词平均占 10 个字节且每个值占 4 个字节。当 r 为 50 且 M 为 1000 万时，$(10+4\times 2r)M=4.1$GB，一台较好的服务器的内存容量能够容易地提供这个大小的存储空间。集成表记方法具有良好可扩展性是基于以下事实：对于每个词，无论有多少搜索引擎可能包含该词，它只需存储一个小的固定个数的数值。

基于集成表记的搜索引擎选择算法被 AllInOneNews 元搜索引擎使用(http://www.allinonenews.com/)[Liu et al.，2007]。

3.4.6 搜索引擎表记生成

关于统计表记方法的一个关键问题是如何得到与每个词相关的统计数据。如果没有这些统计数据，我们将无法实现上面介绍的搜索引擎选择算法。下面考虑几种不同的情况并讨论如何在每种情况下获取所需词的统计数据。

1)成员搜索引擎是完全合作的。虽然大多数元搜索引擎是建立在自主搜索引擎之上的，但是一个元搜索引擎也可以仅包含合作的搜索引擎。在这种情况下，元搜索引擎可以要求每个加盟的搜索引擎(participating search engine)提供关于其自身文档所需词的统计数据。事实上，在这种情况下，元搜索引擎可以给加盟的搜索引擎提供适当的工具以便它们统一收集所需的统计数据。

2)成员搜索引擎的内容是独立获取的。例如，可以创建一个元搜索引擎支持统一访问纽约州立大学系统的64个分校的搜索引擎。每个分校搜索引擎的可搜索内容是在该分校Web站点中的Web页面的集合。这些Web页面可以很容易从校园主页开始爬取。在这种情况下，每个校园的Web页面可以被爬取并用于计算该分校搜索引擎的表记。

3)成员搜索引擎遵循某种协议提供词的统计数据。如2.3.2节所讨论，在搜索和元搜索领域已经提出许多协议，使得搜索引擎和元搜索引擎之间的交互更容易。一些这样的协议，例如STARTS[Gravano et al.，1997]，特别要求搜索引擎为被提交查询的词返回某些统计数据。目前提出的协议有两个问题。首先，没要求返回不同搜索引擎选择技术需要的所有统计数据。其次，这些协议没有被现有搜索引擎广泛采用。

4)成员搜索引擎不合作且它们的内容不能爬取。对于每个这样的搜索引擎，将难以准确地获取搜索引擎表记所需词的统计数据。文献中提出的一般解决方案是使用从搜索引擎检索出的一组样本文档来产生一个近似的搜索引擎表记。这个解决方案在概念上可以认为是由两个步骤组成的。第一步，得到每个搜索引擎的近似词汇表，该词汇表捕获这个搜索引擎文档集合的重要词。重要词是在搜索引擎的文档集合中出现频率很高的实义词(content term)。这一步还生成一个样本文档集合(近似词汇表包含来自这个样本集合的词)且这个样本集合本身对基于样本文档的搜索引擎选择技术（见 3.3 节）是有用的。第二步，获得词汇表中对每个词所需的统计数据。下面进一步讨论这两个步骤。

为了获得一个搜索引擎的近似词汇表，基于查询的一种抽样技术可以用来产生样本文档并从中得到这个词汇表的词汇[Callan et al.，1999]。这种技术的操作过程如下。首先，选择一个词作为初始查询并将其提交给该搜索引擎。接下来，从该搜索引擎返回的一些排序靠前的文档中选择一些新的词，并将每个选定的词作为一个查询提交给该搜索引擎。重复这个过程，直到满足一个停止条件。所选定的词形成该搜索引擎的近似词汇表。已经提出的一个评价词汇质量的度量是 ctf 比率（ctf ratio），其中 ctf 表示集合词频率（collection term frequency）——一个词在文档集合中出现的总次数[Callan et al.，1999]。这个度量是用近似词汇表中的实义词的总 ctf 除以搜索引擎文档集合中的实义词（content word）的总 ctf。

实验结果表明：1）关于搜索引擎文档集合中词出现的覆盖总数，随机选择的初始查询词和随后的查询词对学习获得的词汇表的最终质量影响不大；2）对于每个查询，考查少数靠前排序的文档就足够了（上述文献中用了排序前 4 的文档，但更少数目的文档也能很好地工作）；3）考查少数文档（300 左右）就可以产生 80%以上的 ctf 比率[Callan et al.，1999]。

生成搜索引擎文档集合的近似词汇表的一个改进方法是使用预先生成与类别层次结构中的不同类别相关的探测查询，以确定每个成员搜索引擎 S 正确的一个或多个类别[Ipeirotis and Gravano，2002]。这种方法按自上而下方式进行，也就是说，仅当一个更高层次的类别 C 确定为与 S 充分相关时，才探索 C 的一些子类别（即只把与这些子类别相关的探测查询提交给 S）来判断它们是否适合于 S。这里，根据两个数值，记为 Coverage(C)和 Specificity(C)，确定一个类别 C 是否与 S 充分相关，其中前者是 S 中属于 C 的文档数目，后者是 S 中属于 C 的文档比率。这两个数值的估计都是基于不同类别相关的探测查询提交给 S 时检索到的结果数目。如果 Coverage(C)和 Specificity(C)分别超过预先指定的某阈值，那么类别 C 与 S 就是充分相关的。这种自上而下的分类方法允许将更多的相关查询提交给 S。因此，与随机查询检索的结果相比，使用这些查询检索的样本文档往往更能代表 S 文档集合的内容。对于提交给 S 的每个探测查询，只有少数排序靠前的文档被放入 S 的样本文档集合中。从 S 检索的样本文档中出现的实义词形成 S 的文档集合的近似词汇表。实验结果[Ipeirotis and Gravano，2002]确认了用改进方法产生的词汇表质量(即 ctf 比率)显著优于文献[Callan et al. 1999]提出的方法。

一个搜索引擎 S 的近似词汇表 V 一旦获得，对于 V 中每个词 t，所需的统计数据可以用许多方法估计。各种搜索引擎选择算法使用的最流行的统计数据之一是文档频率(df)。对于 t，获得 df 一个好的近似值的一种简单方法是把 t 提交给 S 并且让检索的文档数目为 df。大多数搜索引擎返回这个数值，因此无须检索实际的文档。应该注意，V 的大小通常只是一个搜索引擎完整词汇表大小的很小部分，即使 V 可以获得很好的 ctf 比率[Callan et al.，1999]。

不用提交每个词 t 作为一个查询而估计 V 中所有词 dfs 的方法是存在的[Ipeirotis and Gravano，2002]。在 V 的生成过程中，可以计算 V 中的词在样本文档集合中的 dfs，可以记录单一词探测查询中所用的一些词的真实 dfs。前一种 dfs 可用来对样本文档中的词按 df 值降序排序。然后，对于具有实际 dfs 的词，它们的 dfs 及其排序可用来估计 Mandelbrot 公式 $df = P(r+p)^{-B}$ 中的参数[Mandelbrot，B.，1988]，该式可以获得文档集合中的词 t 的排序 r 与 df 之间的联系，其中 P、B 和 p 是将被估计的具体文档集合的参数。一旦得到这些参数，V 中的任意词 t 的实际 df 可以估计如下：基于 V 中的所有词在样本文档集合中的 dfs 得到词 t 在所有这些词中的排序 r，然后把 t 的排序 r 插入上式中。

也可以通过向一个搜索引擎提交一个词来估计该词的其他统计数据。文献[Liu et al.，2002]证实：根据一个全局词权重公式，一个词 t 在一个文档集合的所有文档中的最大规范化权重可以通过

用提交词 t 作为一个查询检索到的排序前 20～30 的文档准确估计出来。

从不合作搜索引擎中产生表记是搜索引擎选择的一个重要议题，近年来受到许多关注。有关这个问题，文献[Shokouhi and Si，2011]提供了更多讨论。

‖第4章

搜索引擎加入

如第3章的简要讨论，将一个成员搜索引擎加入一个元搜索引擎需要两个基本程序。第一个程序是连接器(connector)，用来建立搜索引擎和元搜索引擎之间的连接，允许将提交给元搜索引擎界面的用户查询发送给搜索引擎服务器，并将搜索引擎的检索结果发送给元搜索引擎。第二个程序是结果抽取器(result extractor)，可以从搜索引擎返回的HTML页面上抽取搜索结果记录，为以后的结果合并器(result merger)所用。本章将讨论与搜索引擎连接器和结果抽取器的实现相关的问题。

4.1 搜索引擎连接

当用户使用一个搜索引擎进行搜索时，该用户在搜索界面的输入栏中输入一个查询并点击提交按钮。如果没有出错，该查询转到该搜索引擎的服务器，基于其索引进行搜索，并将一定数目的排序靠前的搜索结果记录(Search Result Record，SRR)返回给一个动态生成的HTML响应页面。最后，该响应页面将展示在用户所使用的浏览器上。

为构建一个搜索引擎的连接器，有必要对将用户查询从用户浏览器传送给该搜索引擎的服务器和将来自该搜索引擎服务器的响应页面传送回用户浏览器的机制进行仔细的检查。在本节中，我们先简要介绍 HTML 的表单标签，该标签通常用于创建搜索引擎界面，并讨论 Web 浏览器与搜索引擎服务器之间如何就查询提交和结果生成进行通信。然后我们讨论如何自动生成搜索引擎的连接器。

4.1.1 搜索引擎的 HTML 表单标签

包含搜索引擎搜索界面的 Web 页面通常是一个 HTML 文档，且查询界面本身是用 HTML 表单标签(form tag)(即<form> … </form>)编写的程序，标签用来创建接收用户输入的 HTML 表单。搜索引擎的一个典型 HTML 表单包括：一个 text 类型输入控件，即一个文本输入控件(例如，<input type="text"name="name_string"/>，其中 name 属性指定输入名称，搜索引擎服务器用它识别查询字符串)，该控件创建文本输入字段；一个 action 属性(例如，action="action_URL")，当提交表单时，该属性指定用户查询所需传送的搜索引擎服务器的名称和地址；一个 method 属性(例如，method="get")，用来为将查询发送到搜索引擎服务器指定 HTTP 请求方法；一个提交(suhmit)输入控件，即一个 submit 类型输入控件(例如，<input type="submit" value="SEARCH")，该控件定义提交按钮的名称(示例中为“SEARCH”)。其他一些属性和标签也可能包含在一个搜索表单中，以指定更多的特征，如默认设置、文本样式和允许输入文本的最大长度。除了文本输入字段外，一些更复杂的搜索界面可能包括不同形式的多个用户输入控件，例如选择列表框、复选框和单选按钮。关于 HTML 表单标签更全面的讨论可以在 W3 的 Web 站点(http://www.w3.org/TR/html401/interact/forms.html㊀)找到好的资源。AOL(美国在线)搜索引擎(http://www.aol.com/)所用的一些关键输入控件和表单标签属性如图 4-1 所示。

㊀ 访问日期为 2010 年 11 月 3 日。

```
< form action = "http://search.aol.com/aol/search" method= "get"> < input type= "hidden" name= "s_it" value= "comsearch40bt1" /> < input type= "text" name= "query" maxlength= "150" /> < input type= "submit" value= "SEARCH" /> < /form>
```

图 4-1 AOL 搜索引擎的一个简略表单[㊀]

从图 4-1 中可以看出，AOL 搜索引擎的服务器地址是 http://search.aol.com/aol/search，服务器名称是 search(在 URL 字符串的结束位置)，支持的 HTTP 请求方法是 get。一般说来，一个搜索引擎可能支持两种 HTTP 请求方法之一，另一种方法是 post。get 方法仅允许从远程服务器进行信息检索，它对用户输入的长度有限制(具体限制依赖于浏览器)，对可使用的字符也有限制(通常仅允许 ASCII 字符；非 ASCII 字符只有经过适当的编码之后才可以发送)，这对于因特网传输重要数据是不安全的(这种方法不应该用来发送用户标识符和密码)。与此不同，post 方法除了检索信息之外，还可能请求存储和更新数据；此外，它对输入数据的长度或字符类型没有限制。由于用户查询通常较短，所以其安全性需求低，且只需检索信息，因此 get 方法比 post 方法更广泛地得到搜索引擎的支持。get 方法的另一个优点是支持该方法的搜索引擎返回的查询响应页面是可以书签化的，使得更容易在不同用户中分享响应页面。

使用 get 方法，将用户查询提交给搜索引擎服务器的方式如下：简单地添加用户查询和其他一些默认输入控件(例如，隐藏的输入控件)到服务器 URL 来形成一个新 URL，并通过浏览器提交新 URL。更具体地说，新的 URL 包括来自 action 属性的搜索引擎服务器地址、一个问号符(?)、表单标签中的每个输入(包含用户查询和默认输入)、用 & 符号分隔的"name=value"格式的输入。若存在非 ASCII 字符，需要适当编码(例如，在 GBK 编码中，汉字"中文"的编码为%D6%D0%CE%C4)。

㊀ 访问日期为 2009 年 12 月 31 日。

此外，如果用户查询有多个词，它们用符号(＋)连接。例如，当图 4-1 中包含用户查询“metasearch engine”的表单提交之后，将产生以下新 URL：

```
http://search.aol.com/aol/search?s_it=comsearch
40bt1&query=metasearch+engine
```

其中“s_it＝comsearch”来自图 4-1 中的隐藏(默认)输入。新 URL 形成后，Web 浏览器首先使用符号“？”将 URL 分成两部分，然后以一个 HTTP 客户代理(称为用户代理)的身份启动与搜索引擎服务器(它的位置可由“？”之前的部分确定)的网络连接，初始化并且将“？”之后的部分作为一个 HTTP get 请求信息的参数发送给服务器。在上述例子中，服务器位于 search.aol.com/aol/search，且 get 请求信息的参数是“s_it＝comsearch40bt1&query＝metasearch＋engine”。从 IE7.0 浏览器发送的该 get 请求信息的格式如下：

```
GET /aol/search?s_it=comsearch40bt1&query=
    metasearch+engine HTTP/1.1
Host: search.aol.com
User-Agent: IE/7.0
```

一旦服务器接收到请求信息，它就处理查询，生成 HTML 响应页面，发送回一个将响应页面作为信息体 HTTP 响应信息。当收到服务器发送回的响应页面之后，Web 浏览器将其展示给用户。

值得注意的是，当展示响应页面时，新 URL 通常在浏览器的地址栏(location area)是可见的(见图 4-2 顶部的 URL)。现在应该很清楚为什么不应该用 get 方法来传递安全信息，如用户标识符和密码。

虽然 get 方法被更广泛地应用，但是由于各种原因 post 方法也被一些搜索引擎使用，如为了支持较长的用户查询和非 ASCII 字符等。采用 post 方法，表单输入数据将不会嵌入 URL 中；相反，表单输入数据将出现在信息体中，并恰当地指定内容长度和内容类型。在上面的例子中，若用 post 方法替换 get 方法，则 post 请求消息的格式如下：

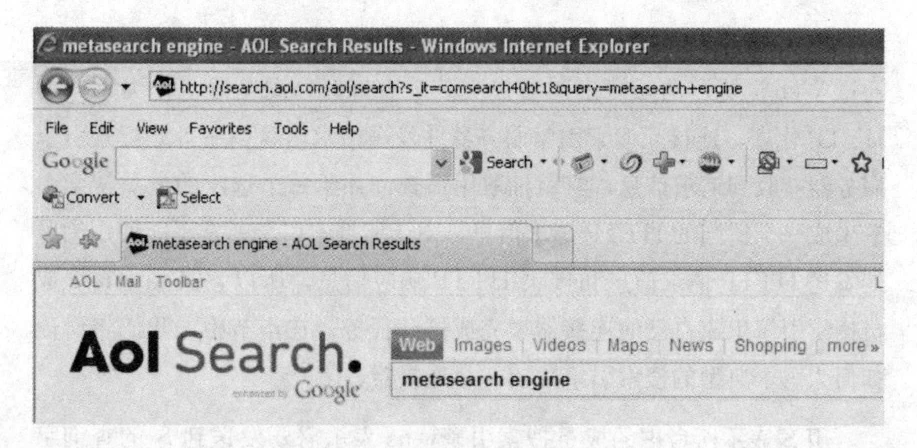

图 4-2　get 方法生成的查询 URL

```
POST/aol/search HTTP/1.1
Host: search.aol.com
User-Agent: IE/7.0
Content-Length: 43
Content-Type: application/x-www-form-urlencoded
s_it= comsearch40bt1&query= metasearch+ engine
```

内容类型"application/x-www-form-urlencoded"表示内容是名称-值对(name-value pair)的形式。当生成 get 请求信息时，该内容类型是默认的；但是当 post 请求信息的内容包含名称-值对时，该内容类型必须指定，因为 post 方法可用于发送其他类型的内容。

虽然 HTML 表单最常用来实现搜索引擎查询界面，但也有不使用典型的 HTML 表单来构建查询界面的情况。例如，http://www.sap.com/index.epx[㊀] 的查询界面是用 flash 实现的。

4.1.2　搜索引擎自动连接

当用户通过 Web 浏览器向搜索引擎提交一个查询时，浏览器作为

㊀ 访问日期为 2010 年 9 月 10 日。

用户的HTTP代理，连接搜索引擎服务器并发送请求信息。当一个用户通过Web浏览器向元搜索引擎提交一个查询时，浏览器也作为用户的HTTP代理，连接元搜索引擎服务器并发送请求信息。一旦元搜索引擎服务器接收到请求信息，它就抽取用户查询并给每个选定的成员搜索引擎生成一个适当的HTTP请求信息。由于元搜索引擎通常不能使用浏览器发送HTTP请求信息和接收HTTP响应信息，所以它需要为每个成员搜索引擎生成自己的连接器来完成这些任务。在本节中，我们将讨论如何为一个典型的搜索引擎生成一个连接器。

用S表示所考虑的成员搜索引擎，qs表示需要发送到S的查询字符串。为了生成S的连接器，需要关于S的3种类型信息，如表4-1所示。

表4-1　搜索引擎连接所需的信息

1)搜索引擎服务器的名称和地址
2)支持的HTTP请求方法(get或post)
3)搜索表单中的每个输入控件的名称(除了submit类型外)及其值(若值存在)

幸运的是，在大多数情况下，上述信息都可以在S的搜索表单中获得。例如，对于AOL搜索引擎(它的搜索表单如图4-1所示)，其服务器的名字和地址分别是“search”和“search. aol. com/aol/search”，其HTTP请求方法是“get”；它有两个输入控件(除了submit类型之外)，hidden类型的名称是“s _ it”，其值是“comsearch40bt1”，text类型的名称是“query”。

为S自动构建连接器的一个要求是，从包含S的搜索界面的HTML页面P中自动抽取上述信息的能力。抽取过程包括两步。第一步，识别正确的搜索表单；第二步，从已识别出的搜索表单中抽取所需的信息。下面讨论这两个步骤。

1. 搜索表单识别

如果一个搜索表单是P中唯一的HTML表单，那么这一步是微不足道的，因为我们需要做的就是寻找表单标签<form…>…</form>。

在一般情况下，P 中可能有多个 HTML 表单，其中的一些可能不是搜索表单。非搜索表单的例子包括用于进行调查、发送电子邮件和 Web 账户登录的表单(例如，基于 Web 的电子邮件账户或银行账户)。因此，首先需要一种自动区分搜索表单和非搜索表单的方法。一种解决方案[Wu et al.，2003]是将满足下列条件的表单确认为搜索表单：(a)表单有一个文本输入字段；(b)在表单标签中或在紧靠表单标签(之前或之后)的文本中至少出现一个如“search”“query”或“find”等的关键词。在另一种解决方案中[Cope et al.，2003]，有一个预先分类的表单集合，使用一些自动生成的特征，导出一个决策树分类器。得到的决策树如图 4-3所示。在该图中，Y 和 N 分别表示是和否，并且它们指示了在决策树中怎样从当前节点往下走；SF 和 NSF 分别代表搜索表单(search form)和非搜索表单(non-search form)。用决策树自上而下的方式来判断输入表单是否为搜索引擎。从决策树的根开始，如果表单的 submit 控件元素的值是“search”，那么该表单确定为搜索表单；如果其值不是“search”，那么分类器查看是否在表单中有一个 password 控件元素，若回答是 Y，则表单不是一个搜索表单，如果回答是 N，那么分类器进一步检查“search”是否在 action 字符串中，等等。根据报告的实验结果，第一种方法的准确度在 90%以上，第二种方法的准确度在 85%到 87%之间。不过，这两组实验使用了不同的数据集。

有时，在同一界面页面上可能存在多个搜索表单。例如，Excite 搜索引擎(http://www.excite.com/)的搜索界面有 5 个搜索表单㊀：两个是相同的(主要搜索表单)，但放置在不同的位置(一个接近顶部而另一个接近底部)；一个搜索股票价格；一个搜索当地天气；还有一个搜索星座。确定一个搜索界面页面上的主要搜索表单不难，因为它通常是第一个搜索表单，而且出现在界面页面上显著位置(水平中间位置)。然而，有可能用户更感兴趣的是一个与主要表单不同的搜索引擎。通常，猜测用户对一个元搜索引擎中的哪个搜索表单感兴趣是不可能的。在此情况下，一个合理的解决方案是让用户选择。MySearchView 元搜索引

㊀ 访问日期为 2010 年 1 月 5 日。

擎生成工具(http://www.mysearchview.com/)采用这一策略。具体来说，如果一个页面有多个独立的搜索表单，MySearchView 显示所有表单让用户通过简单点击操作来选择使用哪一个。

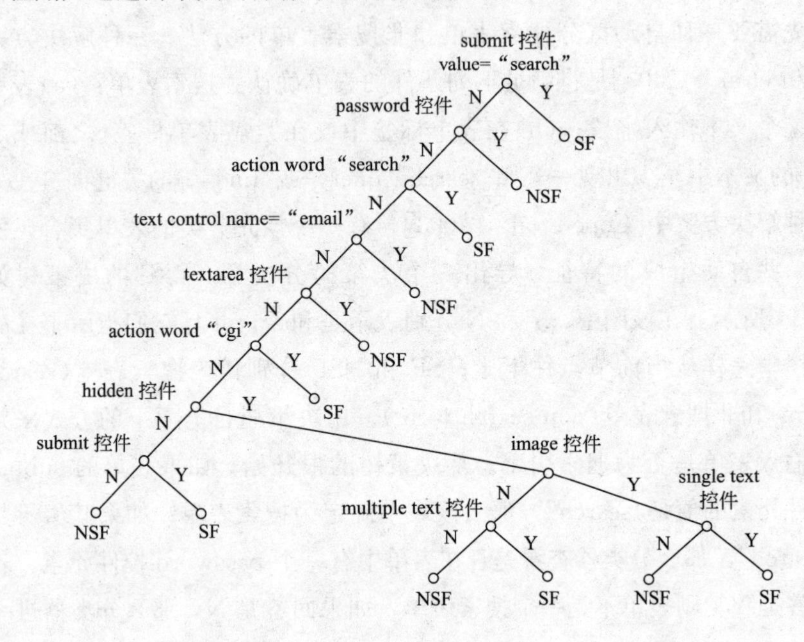

图 4-3 搜索表单分类器的决策树(基于[Cope et al., 2003])

2. 搜索表单抽取

一旦确定了正确的搜索表单，就可以从这个搜索表单中开始抽取表 4-1 所示的所需信息。在大多数情况下，这是一个简单的任务，因为搜索引擎服务器的名称和地址可以从 action 属性中找到，HTTP 请求方法可以从 method 属性中获得，每个输入控件的名称及其值可以从输入标签(input tag)的 name 和 value 属性中识别出来。

在某些情况下，某些搜索表单的 action 属性可能没有提供搜索引擎服务器的完整 URL；反之，它们可能只提供了一个搜索引擎服务器的相对 URL 或根本不提供了任何 URL。在这些情况下，搜索表单抽取器需要构建完整的 URL，这是 HTTP 请求信息所要求的。相对 URL 可能有两种格式，一个没有“/”(例如，search. php)而另一个有“/”(例如，/search. php)。在前一种情况下，可以根据搜索表单所在的当前URL和相对URL构建相应的完整URL。例如，假设当前URL是http://www. example. com/search/form. html并且相对URL是search. php，那么完整URL将是http://www. example. com/search/search. php。在后一种情况下，可以根据当前URL的域名(在我们的例子中，当前URL的域名是http://www. example. com/)和相对URL构建相应的完整URL。对于此例，构建好的完整URL将是http://www. example. com/search. php。如果在action属性中没有指定URL，那么完整URL将是当前URL。

有时，method属性可能不在搜索表单中。在这种情况下，可假定为get方法，因为该方法是HTML表单的默认方法。

当获得了表4-1所列的搜索引擎S的连接信息之后，这些信息可以插入一个Java程序模板中为S生成连接器。用actionStr表示搜索引擎服务器的完整地址，queryStr表示完整的查询字符串(即用&连接的那些输入控件的名称-值对)，其中包括用户输入的查询。当HTTP请求方法是get时，生成新URL、建立网络连接、将查询发送到搜索引擎服务器并接收响应页面的Java语句如下：

```
URL url= new URL(actionStr+ "?"+ queryStr);
URLConnection yc= url. openConnection();
return yc. getInputStream();
```

当HTTP请求方法是post时，相应的Java语句如下：

```
URL cgiUrl= new URL(actionStr);
URLConnection c= cgiUrl. openConnection();
c. setDoOutput(true);
c. setUseCaches(false);
c. setRequestProperty("Content-Type", "application/x-
www-form-urlencoded");
```

```
DataOutputStream out= new
        DataOutputStream(c.getOutputStream());
out.writeBytes(queryStr);
System.out.println(queryStr);
out.flush();
out.close();
return c.getInputStream();
```

最近，一些搜索引擎使用 JavaScript 来处理它们的搜索功能，这使得正确识别连接信息更加困难。一般说来，在一个搜索界面中 JavaScript 可用于如下两种情况：1)用于动态生成搜索表单；2)用于提交搜索表单。在这两种情况下，都需要系统的解决方案来抽取搜索表单的参数。时至今日，我们还没有看到任何已发表的能够解决这一挑战的方法。

注意，一些搜索引擎的连接信息也包括 cookie 或会话限制(session restriction)，使得为这些搜索引擎自动构建连接器更具挑战性。

4.2 搜索结果抽取

如 2.1 节所述，当查询提交到一个成员搜索引擎之后，该搜索引擎返回一个初始响应页面。从搜索引擎检索到的搜索结果记录(SRR)通常被组织成多个响应页面。每个响应页面都有一个链接指向下一个响应页面，如果它存在的话。响应页面往往也包含一些元搜索引擎不需要的信息，如广告。针对查询 FIBA[⊖]，Lycos(http://www.lycos.com/)响应页面的一部分如图 4-4 所示。可以看到在常规 SRR 的上方和响应网页的右侧部分有广告记录。事实上，常规 SRR 的下面也有广告记录(未显示)。从每个响应页面上正确抽取 SRR 是重要的。进行 SRR 抽取的程序

⊖ 这个查询提交的日期为 2010 年 9 月 1 日。

称为抽取包装器(extraction wrapper)。本节有选择性地介绍一些可用于生成搜索引擎抽取包装器的技术。

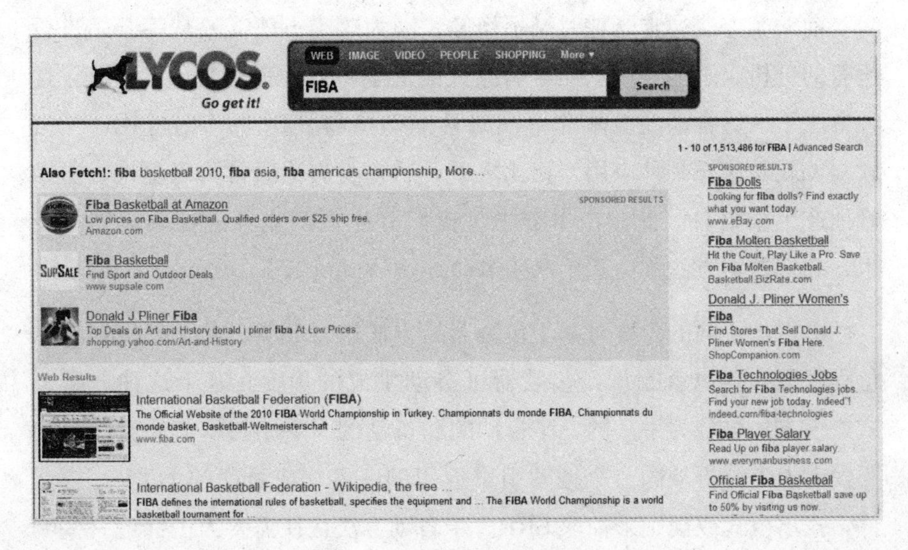

图 4-4　Lycos 响应页面的一部分

一些搜索引擎，特别是像 Google 和 Yahoo! 这样的大型搜索引擎，提供了应用编程接口(Application Programming Interface，API)或 Web 服务接口，允许应用程序与它们的搜索引擎进行交互。这些接口通常提供获取准确 SRR 的具体方法。不幸的是，大多数搜索引擎没有提供这样的接口。事实上，大多数搜索引擎用 HTML 页面返回 SRR。在本节中，我们只关注从 HTML 页面抽取 SRR。由于不同搜索引擎所产生的响应页面往往有不同的格式，所以需要为每个搜索引擎生成一个单独的 SRR 抽取包装器。

SRR 抽取是 Web 信息抽取的一种特殊情况，Web 信息抽取也可能抽取其他类型的信息，例如 Web 页面上的产品信息。[Laender and Ribeiro-Neto，2002；Chang et al.，2006]两篇文献均对网络信息抽取技术进行了很好的综述。本节仅讨论 HTML 页面的 SRR 抽取。

在已经发表的 SRR 抽取技术中，针对每个响应页面，一些抽取从零开始进行，没有利用任何从相同搜索引擎返回的响应页面获得的知识，而另一些抽取技术首先根据一些样本响应页面生成一些抽取规则，然后应用这些规则对相同搜索引擎返回的新响应页面进行抽取。

前一类方法通常既耗时又不稳健，因为这类方法需要从零开始进行所有的分析，不能利用从样本响应页面上学习到的强大知识。因此，这种方法不太适合那些要求非常及时且准确抽取 SRR 的实时应用。元搜索引擎就是这样一种应用。相比之下，后一类方法通常可以更快、更准确地产生结果。因此，在本节中，我们首先强调能生成抽取规则的技术，并把这类方法称为*基于包装器的方法*(wrapper-based approach)。

可以从不同的角度对基于包装器的方法进行分类。其一是根据自动化程度分类，也就是说，包装器可自动生成的程度。基于这种分类方式，该方法可分为手动的、半自动的和自动的。手动技术需要有经验的开发者人工分析从同一个搜索引擎返回的一些响应页面的 HTML 源文件，找出模式或规则来抽取 SRR。半自动方法往往需要人工标记一些响应页面上的正确的 SRR，然后包装器生成系统基于这些人工输入归纳出抽取规则。自动技术能在没有人工参与的情况下生成包装器。手动和半自动技术都涉及大量的人工操作。此外，手动方法只能由有经验的、编程能力强的开发者完成。众所周知，搜索引擎的结果展示格式随时间而改变，这可能导致现有的包装器变得无用。采用手动或半自动技术来创建和维护包装器既昂贵又不方便。因此，近年来在包装器生成技术方面所付出的努力大都集中于自动解决方案。本节的重点放在自动解决方案上，但我们先来简要介绍几种半自动技术。

4.2.1 半自动包装器生成

已经有大量的半自动包装器生成方法和系统开发出来，如 WIEN [Kushmerick, N., 1997, Kushmerick et al., 1997]、SoftMealy[Hsu and Dung, 1998]、Stalker[Muslea et al., 1999]、Lixto[Baumgartner et al., 2001b]和 Thresher[Hogue and Karger, 2005]。这些方法的综述可查阅文献[Chang et al., 2006]。这些方法也称为有监督抽取技

术(supervised extraction technique)。这些技术并非为了从搜索引擎返回的响应页面中抽取SRR而专门设计的，但它们也能用于SRR抽取。本节对这些技术进行简要概述。

1. WIEN

WIEN是Wrapper Induction Environment(包装器归纳环境)的缩写[kushmerick，N.，1997]，它支持以抽取表格格式的数据记录为主而设计的包装器类家族。每个数据记录包括不同属性的值，如书的标题和作者。搜索引擎返回的SRR可视为具有一些属性的数据记录，如标题、概览和URL。HLRT(Head-Left-Right-Tail)是WIEN支持的一个包装器类，它使用一些定界符(delimiter)进行数据记录抽取。具体而言，如果每个数据记录有k个值，那么需要$2k+2$个定界符：头定界符分隔第一个记录之前的任意内容，尾定界符分隔最末记录之后的任意内容，并且每个属性的那些值都有一对定界符，一左一右。如果不同数据记录之间有不相关的内容，那么可以使用另一个包装器类HOCLRT(Head-Opening-Closing-Left-Right-Tail)。HOCLRT与HLRT的区别是：前者每个数据记录有一对额外的定界符，即一个开定界符在每个数据记录之前，一个闭定界符在每个数据记录之后。

Kushmerick，N.[1997]根据一组已标记的响应页面通过归纳确定每个包装类的定界符。每个已标记的页面都明确识别出数据记录和它们的值。在归纳过程中，位于第i个属性的值前面的字符串的任意共同后缀(common suffix)是第i个属性左定界符的一个可能候选，位于第i个属性的值后面的字符串的任意共同前缀(common prefix)是第i个属性右定界符的一个可能候选。类似地，也能识别头定界符、尾定界符、开定界符和闭定界符的候选，虽然过程会更复杂。这样，针对所有定界符，包装器归纳系统列举这些候选的所有组合，直到产生一个一致包装器(consistent wrapper)。一个包装器称为与一个已标记的页面是一致的，如果它能够从该页面正确抽取所有的数据记录和属性值。

2. Lixto

Lixto[Baumgartner et al.，2001a，b]是一种半自动包装器生成工具，用于从HTML文件中抽取信息，并将抽取的信息表示为XML格式。一旦包装器创建好，它就可以用来自动从类似格式的HTML文件中抽取同样类型的信息。

Lixto为用户提供了图形交互用户界面来创建包装器。用户(即包装器设计者)创建一个包装器时遵循的基本过程如下：首先，用户打开一个包含所需信息的样例Web页面，例如一个从搜索引擎返回的响应页面。这实质上是将该页面载入Lixto的专用浏览器，使得可用计算机鼠标来标记页面内容。接下来，用户增加一些模式(pattern)来抽取所需信息。给每一个模式赋予一个名称，该名称用作XML中抽取信息的对应元素名称。例如，结果记录(ResultRecord)可作为SRR模式名称。每个模式由一个或多个过滤器(filter)组成，每一个过滤器又由一个或多个条件组成。所需信息的每个实例(例如，一个SRR)必须满足这一模式至少一个过滤器的所有条件。

当创建一个过滤器时，用户使用鼠标来标记一个所需信息的实例。基于标记的实例，Lixto首先分析实例的特征(例如，字体类型)及其定界符来创建过滤器条件，然后展示在输入Web页面上匹配过滤器的所有实例。此时，会发生如下3种可能之一。第一，所有需要的实例都能匹配而不需要的信息没有匹配。这说明该过滤器是正确的，可以保存以便将来使用。第二，一些需要的实例不匹配。在这种情况下，用户将尝试通过标记一个需要的实例(而该实例与之前创建的过滤器不匹配)创建另一个过滤器。这个创建更多过滤器的过程一直重复进行，直到所有需要的实例可以匹配为止。第三，一些不需要的信息匹配了。在这种情况下，为了使抽取更准确，将一些条件加入过滤器。例如，如果在第一个所需实例FI之前的不需要信息匹配了，那么可以增加一个限制条件，表示某个元素必须出现在紧靠FI之前，使得该不需要的信息不可能与过滤器匹配。总的说来，可以通过给过滤器添加一些条件来限制匹配，并且可以通过给模式添加一些过滤器来增加匹配，这个迭代过程直到获得了全部所需实例的完美抽取才停止。

从内部看，Lixto中的每个包装器都由一个或多个模式构成。每个模式是一个抽取规则的集合，而每个规则由称为Elog的一种类datalog语言表达。每个规则基本上对应于一个过滤器，而该过滤器的那些条件表示为这个规则中不同类型的谓词原子。例如，在下面这个识别价格值的规则中[Baumgartner et al.，2001a]：

$$\text{pricewc}(S,X) \leftarrow \text{price}(\_,S),\text{subtext}(S,[0\text{-}9]^+\backslash.[0\text{-}9]^+,X)$$

有两个谓词原子：第一个(即price(_ ，S))指定抽取的上下文S(上下文自身由另一个规则定义)；第二个指定在给定的上下文中的一种价格模式。基于在输入Web页面中用户标记的内容和用户在交互过程中提供的信息，自动生成不同模式中的规则。

3. Thresher

Thresher是一种允许非技术用户从Web网页中抽取所需内容的工具[Hogue and Karger，2005]。本质上，它允许用户通过一个浏览器来标记和注释所需要的Web内容(Thresher使用MIT[Quan et al.，2003]的Haystack语义Web浏览器)。这些注释有助于获得所需内容的语义。Thresher是专门为包含相同类型的很多对象的Web页面而设计的。因此，它非常适合于SRR抽取，因为从相同的搜索引擎返回的响应页面的SRR可视为这种类型对象。

使用Thresher，用户首先在输入Web页面上使用鼠标标记一些需要的对象。然后Thresher归纳一个包装器来抽取该页面上所有的类似对象。如果需要，用户可以标记更多的例子，甚至标记不同页面的例子，以提高包装器的准确度，直到用户满意为止。然后用户可以用交互方式给一些样本对象的数据项标注语义标签(例如，将SRR的标题标注为“title”)。一旦由Thresher归纳出一个包装器，就能用该包装器从其他类似的页面中抽取相似的对象及其语义信息。通过学习获得的包装器为资源描述框架(Resource Description Framework，RDF)格式，所以它们很容易被共享。

在 Thresher 中，包装器归纳是通过从用户标记的样例对象中学习树模板模式(tree template pattern)进行的。每个标记的对象对应于页面的文档对象模型(Document Object Model，DOM)树中的一棵子树。在标记对象的子树中，Thresher 查找匹配所有标记对象的最严格的树模式。众所周知，差异可能造成不同对象的布局不同，为了找到这个树模式，需要恰当地映射这些子树中的对应元素。Thresher 使用**树编辑距离**(tree edit distance)查找最佳元素映射，也就是说，选择付出最小树编辑距离代价的映射。这里，从树 T_1 到树 T_2 的树编辑距离是将 T_1 转换为 T_2 的所有编辑操作序列的最小代价[Tai，K.，1979]，允许使用的编辑操作如下：1)将一个节点变为另一个节点；2)从一棵树上删除一个节点；3)将一个节点插入一棵树中。

一旦找到最佳映射，从一个标注对象的子树开始，用**通配符节点**(wildcard node)替代其标记对象子树中任何不匹配的节点，由此生成树模式。图 4-5a 和 b 显示了两个对象的子树及其映射(虚线)。假设所有的文本都是不同的，那么图 4-5c 表示用通配符(表示为一个包含*的圆圈)取代不匹配节点之后的树模式。此外，高度相似的相邻元素可以折叠成一个通配符的节点，得到的最终树模式如图 4-5d 所示。

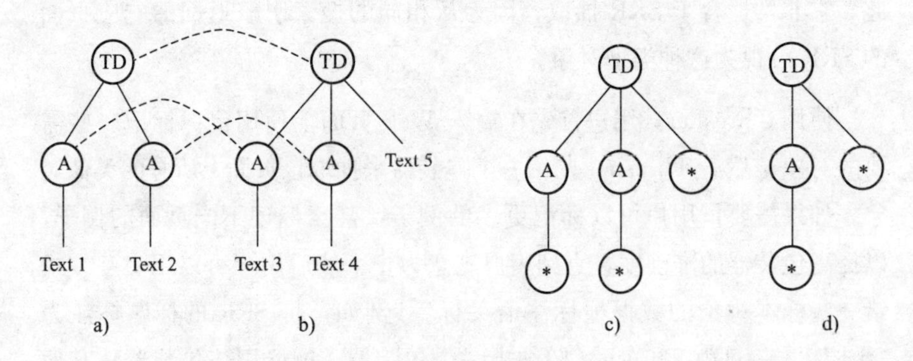

图 4-5　树模式生成示例

4.2.2 自动包装器生成

近年来，更多的研究努力集中于研发全自动 Web 信息抽取技术。这些技术也称为无监督技术，因为它们不需要人工参与。适用于这类技术的 Web 页面必须满足同一类型具有多个对象，因为具有相同结构的多个对象的存在使得发现这些对象的重复模式成为可能。以下 3 种类型的信息已用于自动包装器生成的不同方法中。

- 标签信息(tag information)。HTML 文档内容用 HTML 标签包装。每个 HTML 文档可以表示为标签字符串和文本标识(token)或一棵 DOM/标签树。树表示比字符串表示能够获得更多标签之间的结构(例如，嵌套结构)。这两种表示形式已经用于早期的自动包装器生成技术，如[Crescenzi et al.，2001]、Omini[Buttler et al.，2001]、DeLA[Wang and Lochovsky，2003]和 EXALG[Arasu and Garcia-Molina，2003]。
- 视觉信息(visual information)。当一个 HTML 文档在浏览器上显示出来时，可以得到丰富的视觉信息，比如每个板块(section)的大小和位置、图像的大小和位置、不同类型文本的颜色、不同 SRR 之间的间隙等。近年来，能够获得不同类型的视觉信息并将这些信息传送给各种程序应用的工具已经开发出来了，这使得将这些视觉信息用于包装器自动生成系统成为可能。因此，近年来，已有多种方法探索利用显示在 Web 页面中的视觉信息进行数据抽取。大多数这样的系统同时使用视觉信息和标签结构，这些系统包括 ViNT[Zhao et al.，2005]、ViPER[Simon and Lausen，2005]和 DEPTA[Zhai and Liu，2006]。

仅根据 HTML 标签获得准确的包装器是很困难的，其原因有多种[Yang and Zhang，2001；Zhao et al.，2005]。例如，HTML 标签常常以意想不到的方式被使用，这意味着在包装器生成中没有太多可以信赖的标签用法协议。此外，如今的网络浏览器是非常强健的，它们常常可以“完美地”展示许多格式不正确的Web页面。然而，这些格式不正确的Web页面可能导致包装器生成器出现问题。利用Web页面的视觉信息，能够克服HTML标签带来的一些问题，也能够利用现今强健的浏览器的优势。

最近提出了一个自动包装器生成系统ViDRE，它仅使用Web页面上的视觉信息[Liu et al.，2010]。仅使用视觉信息执行包装器生成是有优势的。它可以减少甚至消除依赖于分析Web页面的HTML源代码。注意，HTML一直在升级(从版本2.0到现在的版本4.01，并且版本5.0正在研发)。当HTML改变时，基于HTML的包装器生成技术也需改变。此外，HTML不再是唯一的Web页面编程语言，其他语言已被引入，如XHTML和XML。一个基于视觉的独立于Web语言的解决方案不会受到这些变化的影响。

- 领域信息(domain information)。一些搜索引擎，特别是Web数据库，从特定领域搜索信息，如书籍、汽车等信息。可以为每个领域收集有用的领域知识，组建为领域本体(ontology)，以便抽取从该领域的一些搜索引擎返回的SRR。领域信息通常与其他类型的信息一起使用，如标签信息，执行包装器生成。一个早期方法[Embley et al.，1999]采用人工创建的领域本体，而ODE系统[Su et al.，2009]自动创建本体，让ODE成为一个完全的自动化解决方案。ODE还利用了一些视觉特征。

本节将更详细地介绍几个自动包装器生成系统。这些系统包括Omini[Buttler et al.，2001]、ViNT[Zhao et al.，2005]、ODE[Su et al.，2009]和ViDRE[Liu et al.，2010]。在这些系统中，Omini仅使用标签信息，ViNT既使用标签信息又使用视觉信息，ODE使用标签信息、视觉信息和领域信息，ViDRE仅使用视觉信息。这些系统是专门为从搜索引擎(包括搜索存储在后端数据库系统中的更加结构化数据记录的Web数据库)返回的响应页面中抽取SRR而设计的，或以这种类型的应用为主要考虑的。为了简化表示，在描述这些系统时，将统一使用

SRR 作为抽取目标。在 SRR 抽取时，这些系统的一个共同特点是首先尽力从输入响应页面识别查询结果板块(query result section)，之后在查询结果板块中抽取 SRR。

1. Omini

Omini 是最早的从 Web 页面抽取对象(SRR)的包装器自动生成系统之一[Buttler et al.，2001]。Omini 通过分析输入查询响应网页的标签树模式进行 SRR 抽取，它包括 3 个步骤。步骤 1 在包含全部所需 SRR 的标签树中寻找最小子树(minimal subtree)。这等价于识别包含全部 SRR 的查询结果板块。步骤 2 识别将查询结果板块分割成 SRR 的 SRR 分隔符(separator)。识别出的分隔符可能不完善，从而可能导致一些问题的出现，如将一个 SRR 分成多个碎片或抽取无关的 SRR 等。步骤 3 利用识别的分隔符从查询结果板块抽取 SRR，同时考虑分隔符不完善的可能性。下面给出这些步骤的更详细内容。

步骤 1：查询结果板块识别(query result section identification)。为了从相应页面的标签树中寻找包含全部所需 SRR 的最小子树，Omini 结合以下 3 个子树发现启发式方法，也就是说，最小子树通常是如下子树：1)其根节点具有最高出度(即其节点具有最多数目的子节点)；2)具有最大字节数目的内容；3)有最多数目的标签。

步骤 2：SRR 分隔符发现(SRR separator discover)。首先，Omini 限定了从最小子树根的子标签中搜索正确分隔符的范围。换句话说，只有这些标签被视为候选分隔符，称为候选标签(candidate tag)。接下来，Omini 采用以下 5 个启发式方法对候选标签排序来寻找可能的标签分隔符。

- 标准偏差启发式(standard deviation heuristic)。对于每个候选标签，这个启发式度量该标签两次连续出现之间的字符数目的标准偏差(仅计数起始标签)。基于相同搜索引擎返回的 SRR 具有相似大小这一观察和相同分隔标签用于分隔所有 SRR 这一需求，Omini 按照标准偏差对候选标签进行升序排列。

- 重复模式启发式(Repeating pattern heuristic)。对于二者之间无文本的每对相邻标签，这个启发式计算这对标签计数和这对标签中每个标签计数之间的差值。如果一对标签的差值为零，则意味着这两个标签总是一起出现。直觉上标签对比单个标签具有更强的意义，据此 Omini 按照计数差值升序排列标签对。
- 可识别路径分隔符标签启发式(Identifiable Path Separator(IPS) tag heuristic)。IPS 标签是广泛应用于隔离不同 SRR 的 HTML 标签，如表行(table row)标签＜tr＞、段落(paragraph)标签＜p＞和列表(list)标签＜li＞。Omini 计算每个标签在一个样本 Web 页面集合中作为 SRR 分隔符的次数的百分比，然后对这些标签按其百分比降序排列。
- 兄弟标签启发式(sibling tag heuristic)。这个启发式为最小子树中的相邻兄弟(immediate sibling)标签对计数，并按照计数将标签对降序排序。如果两个标签对具有相同的计数，那么首选先出现的那一对。这个启发式鉴于如下的观察：对于给定的最小子树，分隔符出现的次数应该与 SRR 相同，并且标签对比单个标签具有更强的意义。
- 部分路径启发式(partial path heuristic)。这个启发式从每个候选标签到以其为根的子树的任何可达节点中识别所有标签路径，并根据从中识别的路径数目将候选标签降序排列。如果两个标签具有相同数目的部分路径，那么首选具有较长路径的标签。这种启发式是基于观察从同一个搜索引擎返回的 SRR 通常具有相似的标签结构。

Omini 采用概率方法将 5 种启发式结合为一种综合解决方案。具体地，Omini 首先基于一组样本页面估计每个启发式的成功率(success rate)(这是样本页面中按该启发式排序最前的候选分隔符为正确的百分比)，然后根据这些启发式是独立的这一假设，对 5 种启发式算法的不同组合测试其整体成功率。这种测试确定了运用全部 5 种启发式的组合具有最佳性能[Buttler et al.，2001]。

Omini 的 SRR 分隔符发现方法受到了一个早期工作的重大影响[Embley et al.，1999]。用于 Omini 解决方案的前两个启发式算法是这个早期工作最先提出的，第三个启发式是这个早期工作的一个启发式的改进。

步骤 3：SRR 抽取(SRR extraction)。一旦识别出 SRR 分隔符，可直接用它将查询结果板块分割成 SRR。然而，分隔符可能不完美，导致抽取出一些不正确的 SRR。文献[Buttler et al.，2001]确定了两种存在问题的情况。第一，一条 SRR 可能被分隔符分为多个碎片。在这种情况下，这些碎片需要合并在一起用来构建这个 SRR。第二，一些无关的 SRR(例如，广告)可能被抽取。通过寻找与大多数抽取出的 SRR 不同的 SRR(包括不同的标签集合或不同的大小)，Omini 可识别无关的 SRR。多个 SRR 可能错误地合成一个 SRR，此文献没有讨论这个可能性。

文献[Buttler et al. 2001]没有明确地讨论包装器规则，然而易知，可以将通往最小子树根的标签路径和针对一个搜索引擎返回的响应页面识别出的 SRR 分隔符标签存储起来作为抽取包装器，用来从同一个搜索引擎返回的新响应页面中抽取 SRR。

2. ViNT

ViNT[Zhao et al.，2005]是一个专门为了从搜索引擎返回的响应页面中抽取 SRR 而设计的自动包装器生成器。它也是最早利用响应页面的视觉信息和 HTML 源文件的标签结构来生成包装器的自动包装器生成器之一。ViNT 按如下方式利用视觉特征和标签结构。首先，利用视觉特征来识别候选 SRR。其次，从与候选 SRR 相关的标签路径中导出候选包装器。最后，利用视觉特征和标签结构选择最有希望的包装器。

ViNT 以一个搜索引擎的一个或多个样本响应页面作为输入，生成可以从相同搜索引擎返回的新响应页面中抽取 SRR 的包装器作为输出。该系统可以通过向搜索引擎提交自动生成的样本查询来自动生成样本响应页面。对于每个输入样本响应页面，为其构建标签树来分析它的标签结构，并且将其显示在浏览器上来抽取视觉信息。

内容线(content-line)是 ViNT 方法的基本构建块(basic building block)。它是在显示的页面上的同一个板块中的视觉上形成一条水平线的字符组。在 ViNT 中，区分了 8 种类型的内容线，例如连接线(该线是一个超链接的锚文本)、文本线、链接-文本线(既有文本也有链接)、空白线及其他。每种类型的内容线被赋予一个代码，称为类型代码(type code)。每条内容线都有一个显示框，显示框最左边的 x 坐标称为这个内容线的位置码(position code)。因此，每条内容线表示为一个(类型代码，位置码)对。

例 4.1 在图 4-6 中，第一个 SRR 有 5 条内容线，第一条线是一条具有类型代码 1 的链接线，第二和第三条线是具有类型代码 2 的文本线(在 ViNT 中，相同类型的相邻内容线合并成一条线，这意味着第二和第三条内容线将被视为一条文本线)，第四条线是一条具有类型代码 3 的链接-文本线，第五条线是一条具有类型代码 8 的空白线。所有这些线有相同的位置代码，比如说 50，因为没有线缩进。 ■

L1: **Metasearch Engine Project**
L2: This **project** was sponsored by research grants from the National Science Foundation .
L3: Principal Investigator at SUNY at Binghamton PI: Prof. Weiyi Meng
L4: www.**cs.binghamton.edu**/~meng/**metasearch**.html - Cached
L5: Web Database **Metasearch Engine Project**
L6: Collaborative Research Achieving Information Integration of Web Databases Through the
L7: Construction of **Metasearch Engines**
L8: www.**cs.binghamton.edu**/~meng/DMSE.html - Cached
L9: **Project** Ideas: **MetaSearch Engine**
L10: **Project** Ideas |Computer **Project** Ideas | **Engineering Project** | Science Fair **Project**
L11: Ideas | School **Projects** | **Project** Download | Electronics | Mechanical | IT | Electrical ...
L12: **iprojectideas.blogspot.com**/2010/07/**metasearch-engine**.html - Cached

图 4-6 一个样本响应页的一部分

为了从样本响应页删除无用的内容线，我们利用另一个对于非存在查询串(non-existing query string)的响应页面(称为非结果页面，no-result page)。基本上就是删除那些既出现在样本响应页面中也出现在非结果页面中的内容线。

把余下的内容线用候选内容线分隔符(Candidate Content Line Separator，CCLS)分成块(block)，候选内容线分隔符是出现至少3次的内容线。ViNT要求用于包装器生成的每个样本响应页面包含至少4个SRR。每个CCLS可能包含一个或多个连续的内容线，并且CCLS的内容线一定是每块的结尾部分。

例4.2 考虑图4-6。如果空白线是一个CCLS或链接-文本线与紧随其后的空白线一起形成一个CCLS，则所产生的块将对应正确的SRR。然而，当链接线是CCLS时将形成如下这些块：(L1)、(L2，L3，L4，L5)、 (L6，L7，L8，L9)。注意(L10，L11，L12)不能形成块，因为最后一条线不是一个链接线。 ■

在ViNT中，每个块可以用3个特征描述：类型代码(type code)——这个块的内容线的类型代码序列；位置代码(position code)——这个块在显示出的页面上最靠近页面左边界的最小x坐标；形状代码(shape code)——这个块的内容线的位置代码有序列表。给定两个块，可以定义它们类型代码之间、位置代码之间和形状代码之间的距离。如果这些距离都小于各自的阈值，这两个块就是视觉相似的。

每个能产生一个视觉相似块序列的CCLS将被保留。这样的序列块称为一个块组(block group)。直观地，每个块组对应于响应页面上的一个板块。可能有多个这样的板块，例如，一个板块是对于真正SRR的(即查询结果板块)，一个或多个板块是对于广告记录的。一般说来，这些块不一定对应实际的SRR。例如，在图4-6中，当用连接线作为一个CCLS时，会产生两个块(L2，L3，L4，L5)和(L6，L7，L8，L9)，它们是视觉相似的，但它们不对应实际的SRR。为了寻找对应于正确记录的块，ViNT识别当前块的每个SRR的第一条线(first line)。在不同的块中，这些第一条线重新分割每个板块的内容线为新块。ViNT使用一些启发式规则从一个给定块中识别一条记录的第一条线。例如，这些启发式规则的两条是：1)从一个数字开始的唯一内容线是第一条线；2)如果在一个块中只有一条空白线，那么紧随空白线的线是第一条线。在图4-6的例子中，每块中紧随空白线的连接线将识别为第一条线。

根据每个块组中的新块，从标签树根到块组中的每个新块开端的标签路径中，ViNT 生成一个候选包装器(candidate wrapper)。ViNT 产生的包装器是如下格式的正则表达式：prefix(*X*(separator1 | separator2 | …))[min，max]，其中 prefix 是一条标签路径，*X* 是一个关于任意标签序列的通配符，这些标签表示响应页面标签树(tag tree)中以这些标签为根的一些子树(称为子森林，sub-forest)。每个分隔符(separator)也是表示一个标签树的子森林的标签序列[㊀]，“ | ”是选择算符(alternation operator)，X 和一个分隔符的拼接对应于一个记录(即以 X 中那些标签为根节点的子森林和一个分隔符的每次出现对应于一个记录)，min 和 max 用于表示从一个 SRR 列表中选择 SRR 的数目范围(通常，min 和 max 分别设置为 1 和可能出现在响应页面中记录的最大数目)。前缀(prefix)确定块组中包含所有记录的最小子树(minimal subtreet)*t*。分隔符用于将 *t* 的所有后代划分为记录。从标签树根到一个块组中的每个块开端的标签路径序列中，怎样导出前缀(prefix)和分隔符(separator)如下例所述。每个标签路径是一个标签节点(tag node)序列，而每个标签节点包含一个标签及其后的一个方向码(direction code)，可能是 C 或 S (Zhao et al.，2005)。标签节点＜t＞C 和＜t＞S 的含义分别是：这个标签节点的下一个标签是标签树中标签＜t＞的第一个子(child)标签和第一个兄弟(sibling)标签。

例 4.3 考虑如下 3 个连续块的 4 个标签路径：

P_1: < html >C< head >S< body >C< img >S< center >S< hr > S<b>S< hr > S< dl >C< dt >C< strong >C<a>C

P_2: < html >C< head >S< body >C< img >S< center >S< hr >S<b>S< hr > S< font >S<dl>S< dl>C< dt >C< strong >C<a>C

P_3: < html >C< head >S< body >C< img >S< center >S< hr > S< b > S< hr > S< font >S< dl >S<dl>S< dl >C< dt >C< strong >C<a>C

P_4: < html >C< head >S< body >C< img >S< center >S< hr >S<b>S< hr > S< font >S< dl >S<dl>S<font>S<dl >S< dl >C< dt >C< strong >C<a>C

㊀ 注意：这里基于标签的分隔符不同于基于内容线的分隔符(即 CCLS，之前用于内容线划分)。有时可能需要一个以上的分隔符(Zhao et al.，2005)。

<font>标签用来实现相邻的记录用不同颜色显示的效果。对于本例，prefix是这些标签路径的最大公共前缀，即prefix=<html>C<head>S<body>C<img>S<center>S<hr>S<b>S<hr>S。分隔符可以按如下方法导出。首先，从每个标签路径中去除prefix。设$PF_i = P_i$-prefix，$i=1, \cdots, 4$。接着，从每个PF*i*后部删除所有C节点(这样做的原因是：SRR的标签结构是同一棵最小子树下的兄弟)。然后，计算$Diff_i = PF_{i+1}-PF_i$，$i=1, \cdots, 3$。我们得到$Diff_1$=<font>S<dl>S，$Diff_2$=<dl>S和$Diff_3$=<font>S<dl>S。在这些Diff中，公共后缀是<dl>S，这一公共后缀中标签(序列)就是分隔符，在本例中就是<dl>。此外，对于本例，*X*为空或<font>。在前一种情况下，在最小子树中，以<dl>为根节点的子树对应一个记录。在后一种情况下，每个以<font>和<dl>为根节点的那些子树组成的子森林对应一个记录。■

如果响应页面上存在*K*个块组(板块)，那就会产生*K*个候选包装器，每个对应一组。搜索引擎通常会在一个板块中显示它们的SRR。因此，如果$K>1$，那么需要从这些包装器选择一个作为输入响应页面的包装器。ViNT使用一些启发式来做这个选择，包括相应板块的大小(与其他板块相比，查询结果板块通常具有最大的面积)、板块的位置(查询结果板块通常位于响应页面的中央)等。

许多搜索引擎并不总以完全相同的格式展示它们的搜索结果。为了增加获得所有变体的可能性，应使用从同一个搜索引擎得到的多个样本响应页面来生成其包装器。对于每个样本页面，可用上面的描述过程为该页面生成一个包装器。然后，把基于不同样本页面产生的包装器集成为一个对这个搜索引擎而言更强健的包装器。在ViNT中，包装器集成包括前缀集成、分隔符集成和[min，max]集成。

AllInOneNews元搜索引擎[Liu et al.，2007]使用了ViNT为它的大多数成员搜索引擎产生包装器。

3. ODE

ODE[Su et al.，2009]是一个本体辅助数据抽取系统，它也是专门为从 Web 数据库返回的响应页面中抽取 SRR 而设计的。ODE 首先为一个领域构造一个本体。然后，利用所构建的领域本体进行 SRR 的抽取。ODE 也能够利用所构建的领域本体分组和标记 SRR 内的数据项(即把对应同一属性的值放入同一组，并给每组分配一个语义标签)。事实上，虽然在识别包含 SRR 的查询结果板块中本体也是有用的，但是从构建本体中受益最大的是数据项分组和标签分配。这里将主要关注与 SRR 抽取相关的部分。

在 ODE 中，领域本体(domain ontology)是一个数据模型，描述领域内的概念和这些概念之间的联系。它包括一个本体属性模型(ontology attribute model)和一个属性说明(attribute description)，本体属性模型描述领域内对象属性的组织，属性说明包含本体内每个属性的值。一个图书领域的本体属性模型如图 4-7a 所示，图书领域的价格属性的一个属性说明如图 4-7b 所示[Su et al.，2009]。在图 4-7a 中，实线矩形表示书对象，虚线矩形表示对象的属性，箭头表示属性之间的部分联系(part-of relationship)。从图 4-7b 可以看出，每个属性 A 有以下字段：名称(name)、别名(alias)、数据类型(data type)、在响应页面中 A 值的外部表示(external representation，例如，A 值的一个正则表达式)、显示在样本响应页面中 A 的值(value)、值概率(value probability，值概率是一个属性值出现在一个 SRR 中的可能性)、名称概率(name probability，名称概率是名称和它的别名出现在响应页面的一个 SRR 中的可能性)、最大出现次数(max occurrence，最大出现次数是 A 的值出现在那些样本响应页面的一个 SRR 中的最多次数)。在 ODE 中，每个领域本体都是使用查询界面和领域中的 Web 数据库的一些样本响应页面自动构造出来的。

ODE 进行 SRR 抽取分为两步：1)查询结果板块识别(query result section identification)。这一步识别包含有效 SRR 的板块。2)记录分割(record segmentation)。这一步将查询结果板块分割为 SRR。在 ODE 中，没有明确讨论包装器生成和包装格式。在上述两个步骤中，仅第一步利用领域本体。上述两个步骤的主旨总结如下。

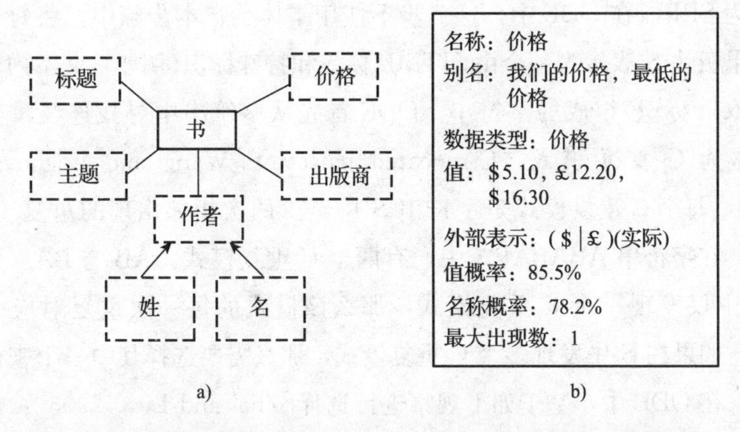

图 4-7　a)图书领域本体属性模型，b)图书领域价格属性的属性说明

步骤 1：查询结果板块识别(query result section identification)。在这一步中，ODE 首先使用基于标签树的方法(称为 PADE)来识别查询结果板块。然而，PADE 有可能识别不出正确的查询结果板块。例如，存在如下可能：识别出的板块中的记录是无效的 SRR 或者没有识别出任何板块，其原因是输入响应页面上出现的相似记录少于两个。ODE 对 PADE 做了如下改进：仅当板块内容与领域本体有充分高(由阈值确定)的相关性时，PADE 产生的板块才作为正确的查询结果板块。板块中的一条记录 R(无须是一个有效的 SRR)与领域本体之间的相关性是一个权重的规范化总和，这些权重度量 R 中每个字符串与领域本体属性的*属性说明*(attribute description)中信息之间的匹配程度。如果一个字符串与一个属性名称或别名匹配，则其权重是该属性的*名称概率*(见图 4-7b)；否则，如果一个字符串与多个属性的值匹配，那么其权重是这些属性的值的概率中的最大者。如果 PADE 产生的板块不满足相关性条件，那么检查其他板块。如果 PADE 没有识别出任何板块，那么 ODE 寻找与本体具有最高相关性的子树。如果该相关性高于一个阈值，ODE 将该子树作为一个单个 SRR 返回。如果找不到满足条件的子树，ODE 假定输入的响应页面不存在有效的 SRR。值得注意的是，在后两种情况下，SRR 抽取这一步骤就不需要了。

步骤 2：记录分割(record segmentation)。这一步是将查询结果板块分割为 SRR。在 ODE 中，这一步不使用本体。在本步骤中，将每个查询结果板块 S 表示为一个由 HTML 标签和特殊标识(例如，文本内容表示为 text 标识)组成的字符串。ODE 首先从字符串中寻找连续重复模式(称为 C 重复模式，C-repeated pattern)[Wang and Lochovsky，2003]。每个 C 重复模式是字符串 S 中至少两次相邻出现的重复子串。例如，在字符串 ABABABA 中，有两个 C 重复模式：AB 与 BA。如果在 S 中仅发现一个 C 重复模式，那么该模式的每一次重复对应一个 SRR。如果在 S 中发现多个 C 重复模式，那么需要选择其中一个来识别 SRR。在 ODE 中，基于如下观察进行选择[Zhai and Liu，2006]：在查询结果板块中，两个相邻 SRR 之间的视觉间隙应不小于在一个 SRR 之内的任何间隙。基于这一观察，ODE 选择满足这个条件的 C 重复模式。

4. ViDRE

ViDRE 是 ViDE[Liu et al.，2010]的一部分，它是专门为了从 Web 数据库返回的响应页面中抽取 SRR 而开发的。ViDRE 是第一个发表的仅使用显示在浏览器上的 Web 页面上的视觉信息来自动生成记录级包装器的方法。

类似于其他包装器生成方法，ViDRE 也使用样本 Web 页面构建包装器。从一个样本响应页面，ViDR 采用 VIPS 算法生成一个视觉块树(visual block tree)[Cai et al.，2003]。一个 Web 页面的视觉块树本质上是该页面的一个分割。根块(root block)表示整个页面，树中的每个块对应于该页面上的一个矩形区域。叶块(leaf block)是不能再分割的块，它们表示最小的语义单位，如连续文本或图像。如果每个 SRR 对应一个数据库记录，那么一个非图像叶块通常对应于一个属性值。在一个视觉块树中，如果块 A 是块 B 的一个祖先，那么块 A 包含块 B。除非其中一个块包含另一个块，否则两个块不重叠。相同父节点的兄弟块从左到右的次序是有意义的。

在 ViDRE 中，视觉块树的每个内部节点 A 表示为 $A=$(CS，P，S，FS，IS)，其中 CS 是块 A 的子块列表，P 是它的位置(即块在显示出的页面中的左上角的坐标），S是它的大小（高度和宽度），FS是块A使用的字体集合，IS是块A中图像个数。每个叶块B表示为$B=(P, S, F, L, I, C)$，其中P、S与一个内部节点的P、S是相同的，F是它的字体，L表示块B是否为一个超链接文本，I表示块B是否为一个图像，若块B是文本则C是其内容。

ViDRE使用4种类型的视觉特征进行SRR抽取。这些特征如表4-2所示。

表4-2　不同类型的视觉特征

不同类型的视觉特征
位置特征（Position Feature，PF）。这些特征表示查询结果板块在响应页面中的位置
PF1：查询结果板块总是水平居中的
PF2：查询结果板块的大小相对于整个页面的面积大小通常是比较大的（这实际上是一个大小特征）
布局特征（Layout Feature，LF）。这些特征表示在查询结果板块中SRR通常如何布局
LF1：在查询结果板块中SRR通常左对齐
LF2：所有SRR相邻
LF3：相邻SRR不重叠，并且任何两个相邻SRR之间的空隙是相同的
外观特征（Appearance Feature，AF）。这些特征反映SRR内的视觉特征
AF1：SRR外观非常相似，相似性包括它们所包含图像的大小和它们所使用的字体
AF2：就位置、大小（图像数据项）和字体（文本数据项）而言，在不同的SRR中具有相同的语义（例如，同一属性的值）的数据项具有相似的表示形式
AF3：不同语义的相邻文本数据项经常（并非总是）使用不同的字体
内容特征（Content Feature，CF）。这些特征暗示SRR中的内容规律性
CF1：每个SRR的第一数据项都是一个强制类型（即它必须有非空值）
CF2：SRR中数据项的表示遵循一个固定的次序（例如，所有SRR中标题都出现在作者之前）

对于Web数据库返回的一个或多个样本响应页面，ViDRE为Web数据库生成包装器包括3个主要步骤：1)查询结果板块识别（query result section identification）。这一步识别出包含全部SRR的那一个板块。2)SRR抽取（SRR extraction）。这一步从识别出的查询结果板块中抽取SRR。3)包装器生成（wrapper generation）。这一步为从该Web数据库返回的响应页面中抽取SRR生成包装器。下面简要描述这3个步骤。

步骤1：查询结果板块识别（query result section identification）。用位置和大小特征来定位对应于查询结果板块的块。首先，用PF1识别所有水平居中的块。接着，用PF2确定正确的块。在ViDRE中，如果一个水平居中块的大小与整个响应页面的大小之比大于或等于0.4，那么与该块对应的板块将认为是查询结果板块。

步骤2：SRR抽取（SRR extraction）。这一步有3个阶段。在阶段1，过滤一些不可能是SRR的噪声块。基于LF2，噪声块只能出现在查询结果板块的顶部或底部。因而，应该检查位于这两个位置的块。基于LF1，如果在这些块位置的一个块没有水平左对齐，那么将其作为噪声块删除。在阶段2，目标是对余下的叶块基于语义进行分组，也就是说，每个非图像组应该对应于不同SRR中相同属性的值。通过AF2和AF3，基于外观相似度（appearance similarity）对叶块进行聚类来达到该目标。在ViDRE中，两个叶块之间外观相似度（appearance similarity）的计算采用基于两块图像大小之间、纯文本字体之间和链接文本字体之间相似度的一种加权总和。在阶段3，通过重组叶块生成SRR，重组使得每个新组由属于同一个SRR的块组成。为了避免混乱，在阶段2产生的组称为c组（c-group，也就是列组，column group，每一组对应于表的一列，即它由一个属性的那些值组成），在阶段3产生的新组称为r组（r-group，即行组）。块重组的基本思路如下。首先，选择具有最多块数的一个c组，并用这些块作为产生r组（即SRR）的种子。根据CF1，包含每个SRR中第一数据项（属性值）的c组满足这个条件。用G表示这个c组。然后，对于c组中的每一块，确定该块属于哪个r组并且将该块添加到这个r组。用b^*表示来自另一个c组G^*的一块。为b^*找到一个正确r组的基本思想是：从G的那些块中找出一个块b，使得b^*应该分配到与b相同的r组。这个所需的b是c组G中满足如下条件的块：b到b^*具有最小垂直距离（关于两个块的y坐标），并且b不会出现在b^*下面（因为b是这个SRR（r组）中对应于第一个属性值的块，b^*应该和b在同一行或在b下面）。

步骤3：包装器生成（wrapper generation）。给定一个响应页面P，

ViDRE所生成的包装器由如下两种信息组成：在视觉块树中正确定位查询结果板块S的信息和从S的子块中抽取SRR的信息。对于S，包装器信息表示为5个值(x，y，w，h，l)，其中x和y是在P上S的左上角的坐标，w和h是S的宽度和高度，l是S在视觉块树中的层数。给定一个新的响应页P^*，该系统首先检查P^*的视觉块树中l层的那些块，这些块中与P的查询结果板块S重叠最大的那个块被认定为P^*的查询结果板块。这里的基本假设是：对于同一搜索引擎的不同响应页面，它们的查询结果板块在视觉块树中的层数保持不变。两个块的重叠区域可以用坐标和宽度/高度信息进行计算。

对于SRR抽取，包装器信息包括：从P抽取的每个SRR的第一块(即第一个数据项或属性值)的视觉信息(纯文本字体、链接文本字体或图像大小、依赖于块的类型)和相邻的两个SRR之间的间隙空间(表示为g)。对于P^*中查询结果板块的那些子块，通过与保存的视觉信息(即纯文本字体、链接文本字体或图像大小，依赖于块的类型)的视觉相似度，系统首先找出每个SRR的第一块，然后利用LF3(即每一对有效相邻SRR的间隙空间是相同的)识别P^*中查询结果板块中的所有SRR。

第5章

结果合并

结果合并部件的目标是将不同搜索引擎返回的搜索结果记录(SRR)合并为一个单一的排序列表。从20世纪90年代以来，已经提出并研究了许多结果合并算法。这些算法可以从几个维度进行分类。例如，用来合并的每个结果的信息量可以作为一个维度。这一维度的变化范围从仅使用搜索引擎所返回的每个结果的本地排序，到使用结果的SRR，再到使用结果的完全文档。另一个维度是响应查询的各个搜索引擎所返回的文档的重叠程度。这一维度的变化范围从没有重叠，到部分重叠，再到可能是完全相同的文档集合。

针对给定的用户查询，早期的结果合并算法假设所有成员搜索引擎都为每个检索结果返回一个本地相似度[Callan et al.，1995；Dreilinger and Howe，1997；Gauch et al.，1996；Selberg and Etzioni，1997]。由于各种原因，这些本地相似度可能没有直接的可比性。例如，不同的成员搜索引擎可能将其相似度规范化为不同的值域，有的是区间[0，1]，有的是[0，1000]。另外，不同的搜索引擎使用不同的文档集合统计值(例如，文档频率)来计算文档的词权重。

为了使本地相似度更具可比性，合并算法可重新规范化本地相似度为一个共同的范围，例如[0，1]区间。一个更为精妙的规范化方法，称为半监督学习(Semi-Supervised Learning，SSL)，是用一个通过学习得到的映射函数将本地相似度映射为全局相似度。通过结合来自每个搜索引擎的样本文档[Si and Callan，2003a]，可以得到一个集中样本文档集合 CSD。CSD 可视为全体搜索引擎所包含的所有文档的全局集合的表记，并且根据 CSD 和一个全局相似度函数计算得到的相似度被视为全局相似度。将每个查询传送到每个选定的成员搜索引擎，检索一些文档及其本地相似度。根据出现在 CSD 中的每个检索出的文档，我们计算其全局相似度。这样，使用从每个搜索引擎得到的某些文档的全局相似度和本地相似度对，就可以用回归方法导出一个映射函数。

为了能够给来自更有用的搜索引擎检索到的结果更多的优先考虑，有些合并算法通过考虑每个搜索引擎的有用性或质量估计来进一步调整重新规范化后的本地相似度。在搜索引擎选择步骤中计算的一个搜索引擎的排序分数，反映了该搜索引擎对于一个给定查询的有用性。最后，结果合并器按照调整后的相似度对从不同搜索引擎检索到的结果进行降序排列。

在 CORI Net[Callan et al.，1995]中，调整方法如下。令 rs 为成员搜索引擎 S 的排序分数，av_rs 为所有选定成员搜索引擎的平均排序分数。设 ls 是从 S 中所得结果 r 的本地相似度。然后，计算 r 的调整相似度为 $\mathrm{ls}(1+N(\mathrm{rs}-\mathrm{av\_rs})/\mathrm{av\_rs})$，其中 N 为给定查询所选定成员搜索引擎的数目。显然，对于这些搜索引擎及其检索的结果，如果一个搜索引擎的排序分数高于(低于)平均排序分数，那么这种调整将增加(减少)其检索结果的本地相似度。在 ProFusion[Gauch et al.，1996]中，每个结果的本地相似度的调整是通过简单地乘以该结果所来自的搜索引擎的排序分数。

目前，大多数搜索引擎不再返回检索结果的相似度。因此，当元搜索引擎的成员搜索引擎是自治的和不合作的时，上述对本地相似度进行规范化和调整的技术将不再适用。在本章的余下部分，我们将只专注于不使用检索结果的本地相似度的结果合并算法。

在一般情况下，针对一个从成员搜索引擎 S 检索的结果 r，可能得到以下可以用于结果合并的信息：

- r 的完全文档：可以使用 Web 页面的 URL 下载完全文档，通常 URL 包含在结果的 SRR 中。
- r 的本地排序：针对给定的用户查询，它是 r 在 S 返回结果中的排序位置。
- r 的标题：这是 r 的 Web 页面的标题，通常包含在结果的 SRR 中。
- r 的 URL：这是 r 的 Web 页面的 URL，通常包含在结果的 SRR 中。值得注意的是，不仅能够使用 URL 下载 Web 页面，通常也可以从该 URL 中发现哪个机构/个人发布了这个 Web 页面。
- r 的概览：这是 r 的摘录其 Web 页面的简短文本，通常包含在结果的 SRR 中。
- r 的发布时间：这是 r 的 Web 页面的发布时间。如果结果是时间敏感的，那么这种信息经常包括在结果的 SRR 中。例如，新闻搜索引擎通常在 SRR 中包括所检索的新闻文章的发布时间。如果在 SRR 中没有提供此信息，那么其 Web 页面的最近更新时间(last _ modified time)可以用来代替。
- r 的大小：这是 r 的 Web 页面的字节数，通常包含在结果的 SRR 中。
- S 的排序分数：这是 S 对于用户查询的排序分数，它是在搜索引擎选择步骤中由搜索引擎选择器计算出来的。

并非所有上述信息都被现有的结果合并算法使用。事实上，大多数当前的结果合并算法仅使用上述信息的一小部分。

在本章中，我们根据结果合并算法在做合并时所使用的信息类型对这些算法进行分类，并且基于这个分类来介绍这些算法。在本章的余下部分，我们首先介绍使用每个检索结果的完全文档的合并算法；其次介绍几种主要使用 SRR 中可用信息的算法；最后介绍一些主要使用检索结果的本地排序的算法。

5.1　基于完全文档内容的合并

在成员搜索引擎处理完来自元搜索引擎的一个用户查询之后，它返回给元搜索引擎一个 SRR 列表。为了利用每个结果的完全文档内容进行结果合并，需要使用这些 SRR 中的 URL 从包含所有这些结果的各个 Web 站点取回相应的那些完全文档。

一旦获取了完全文档，结果合并器就可以采用任意一个全局相似度函数来计算这些文档与查询之间的全局相似度。考虑如下情况：全局相似度函数为余弦函数，并且元搜索引擎知道每个词的全局文档频率(注意，如果所选的这些成员搜索引擎没有或很少重叠，那么一个词的全局文档频率可以近似计算为所有选定的搜索引擎中该词文档频率之总和)。文档下载后，可获得该文档中的每个词的词频。这样，计算该文档的全局相似度需要的所有统计数据(即每个词的词频 tf 和文档频率 df)皆为可用的，从而能够计算其全局相似度。在所有检索到的文档的全局相似度都被计算出来之后，结果合并器对从不同成员搜索引擎返回的结果按照其全局相似度进行降序排列。

对于一个给定的查询 q，在元搜索引擎 Inquirus[Lawrence and Lee Giles，1998]中，结果合并算法使用如下相似度函数计算每个下载文档 d 的全局相似度：

$$\mathrm{sim}(d,q)=c_1N_p+\left(c_2-\frac{\sum_{i=1}^{N_p-1}\sum_{j=i+1}^{N_p}\min(d(i,j),c_2)}{\sum_{k=1}^{N_p-1}(N_p-k)}\right)/\left(\frac{c_2}{c_1}\right)+\frac{N_t}{c_3} \tag{5-1}$$

其中 N_p 是不同查询词在 d 中出现的次数，N_t 是查询词在 d 中出现的总次数，$d(i, j)$是 d 中第 i 个和第 j 个查询词之间的最小距离(以字符数计算)，c_1 是一个用来控制 sim(d，q)的整体数量级的常数，c_2 是一个指定查询词之间最大距离的常数，c_3是一个指定词频重要性的常数。在 Inquirus 中，这些常数设置如下：$c_1=100$，$c_2=5000$，$c_3=10*c_1$。如果查询只有一个词，Inquirus 就简单地利用从文档的开始到该词的第一次出现的距离作为一个相关指标。上述相似度函数不仅考虑了查询和文档之间的共同词，而且也考虑了文档中各个查询词的邻近度。

Rasolofo 等人[Rasolofo et al., 2003]提出的结果合并算法首先下载来自所有被选择的搜索引擎检索出的结果的完全文档以便形成一个文档集合；然后将每个文档表示为一个加权词向量，其中权重根据 tf×idf 进行计算；最后，用一个全局相似度函数来计算每个文档与用户查询之间的全局相似度，如同存在一个针对所形成文档集合的文本检索系统。然后，按照全局相似度降序对结果进行排序。

算法 OptDocRetrv 是一个基于完全文档的方法，此算法结合了文档选择(document selection，也就是说，从每个选定的搜索引擎中确定需要检索多少个结果[Meng et al., 2002])和结果合并[Yu et al., 1999]。对于一个给定的查询和某个正整数 m，假设需要从所有搜索引擎中找出 m 个最相似文档。在 3.4.5 节，对于一个给定的查询，我们介绍了一种按照每个搜索引擎中最相似文档的相似度对搜索引擎进行降序排列的方法。这样的排序是检索 m 个最相似文档的最优排序。这种排序也可用于执行文档选择和结果合并，方法如下。

首先，对于某个小的正整数 k(例如，k 可以从 2 开始)，我们搜索排序前 k 的搜索引擎中的每一个，获得其最相似文档的实际全局相似度。这可能需要从这些搜索引擎中下载一些文档。令 min _ sim 是这 k 个相似度的最小者。其次，从这 k 个搜索引擎中，将实际全局相似度大于或等于暂定阈值 min _ sim 的所有文档检索出来。若检索了 m 或更多个文档，则该过程停止。否则，考虑下一个靠前排序的搜索引擎(即排序为第$(k+1)$的搜索引擎)，并检索其最相似的文档。接下来，将此文档的实际全局相似度与 min _ sim 进行比较，二者中的较小者作为新的全局阈值，并从这 $k+1$ 个搜索引擎中检索实际全局相似度大于或等于此新阈值的所有文档。重复此过程，直到检索出 m 或更多个文档。最后，检索到的文档按其实际全局相似度降序排列。为了减少在上述过程中多次调用同一搜索引擎的可能性，在第一次调用一个搜索引擎时，可以缓存较多的结果。算法 OptDocRetrv 具有以下性质[Yu et al.，2002]：如果这些搜索引擎按最优排序且这 m 个最相似的文档来自 l 个搜索引擎，那么此算法至多调用 $l+1$ 个搜索引擎就能获得这 m 个最相似的文档。

实时下载和分析文档的开销可能很大，尤其是当下载文档的数目很多并且文档的大小也很大时。可以采用一些改进措施。第一，可以从不同的本地系统并行下载。第二，可以先分析一些文档并展示给用户，当用户阅读这些初步结果时，完成进一步的分析[Lawrence and Lee Giles，1998]。最初展示的结果的排序可能不正确，当分析了更多文档之后，需要调整整体排序。第三，可以考虑仅下载分析每个(大)文档的开始部分[Craswell et al.，1999]。随着因特网带宽的提高，由实时下载文档而引起的延迟将会变得越来越小。

另一方面，基于下载的方法也有某些明显的优势[Lawrence and Lee Giles，1998]。第一，当尝试下载文档时，可以识别已经作废的网址。这样，有作废网址的文档可以从最终结果列表中删除。第二，通过分析下载的文档，可以用其当前内容对文档排序。相比之下，本地相似度可能是根据文档的旧版本进行计算的。第三，当展示文档给用户时，出现在下载文档中的查询词可以被突显出来而无须额外延迟，这是因为在处理这些文档进行其全局相似度计算时，这些查询词已经被识别出来。

5.2 基于搜索结果记录的合并

如本章开篇所述，现今大多数搜索引擎返回的搜索结果记录(SRR)包含丰富的检索结果信息。特别是标题和 SRR 概览含有高质量的内容信息，能够反映其相应文档对于查询主题的相关性。首先，现今的搜索引擎对页面标题中的词会给出比页面内容中的词更高的权重，这已经不是秘密。其次，相应概览通常是专门为用户所提交的查询生成的，而且往往是文档中与查询匹配最佳的文本片断。因此，一个结果的标题和概览可以提供很好的线索来判断相应的文档与查询是否相关。基于检索的SRR中的可用信息，特别是SRR中的标题和概览，已经提出了多个结果合并算法，下面介绍一些这类算法。

在结果合并中利用返回SRR的标题和概览的思想是Tsikrika and Lalmas[2001]首次引入的，他们提出了几种方法[㊀]：

- **TSR方法**。TSR将每个检索结果的标题和概览结合为一个表记文档。如果某个结果由多个搜索引擎返回，那么该表记将包含此结果的标题和所有概览。对于一个表记中的每个词，仅使用词频信息计算权重(不使用文档频率信息的原因是查询词在检索结果中具有很高的文档频率，如果使用这些查询词的idf权重，这会对这些查询词的重要性产生负面影响)。一个查询和一个表记之间的相似度是该表记中查询词权重的总和。在合并后的列表中，结果按照它们表记的相似度进行降序排列。
- **TSRDS方法**。此方法是TSR的一种变体，它使用Dempster-Shafer证据理论对结果合并过程进行建模。在一个表记中，一个查询词的存在被视为关于查询结果相关性的一个证据，结果按照它们的综合证据进行降序排列。对于每个搜索引擎及其搜索的结果，根据一个查询词在这些表记的文档频率，给每个查询词的证据赋予一个权重。

使用SRR中信息，Rasolofo等人[Rasolofo et al. 2003]提出了一系列的结果合并算法。对于某个SRR中给定的一个文本块T(即标题或概览)和一个查询q，用sim(T，q)表示T和q之间的相似度，定义如下：

㊀ 为便于引用，我们给每种方法命了名。

$$\mathrm{sim}(T,q)=\begin{cases}100\,000\mid T\cap q\mid/\sqrt{\mid T\mid^2+\mid q\mid^2} & \text{若 } T\cap q\neq\varnothing\\ 1000-\mathrm{Rank}, & \text{若 } T\cap q=\varnothing\end{cases} \tag{5-2}$$

其中 $|X|$ 是 X 按词计数的长度，Rank 是该 SRR 的本地排序。只有从每个成员搜索引擎得到的前 10 个结果用于参加合并。在式(5-2)中，即使 T 不包含任何查询词，用 1000－Rank 也给这个 SRR 赋予一个非零的相似度，反映该结果的完全文档肯定包含某些查询词，因为它是排序前 10 的结果。现在我们给出几个基本合并算法。

- **算法 TS**（Title Scoring，标题评分）。运用式(5-2)(即 T 是标题)，此算法计算用户查询和每个 SRR 的标题之间的相似度，并且按照这些相似度对结果进行降序排列。
- **算法 SS**（Snippet Scoring，概览评分）。除了将标题改为概览外，此算法与算法 TS 相同。
- **算法 TSS1**（Approach 1 for combining Title Scoring and Snippet Scoring，结合标题评分和概览评分的方法 1）。对于每个 SRR，如果标题中至少包含一个查询词，那么其相似度通过 sim(Title，q)计算；否则，如果其概览包含至少一个查询词，其相似度通过 sim(Snippet，q)计算；最后，如果标题和概览中皆不包含查询词，那么其相似度为 1000－Rank。然后，结果按照这些相似度降序排列。此算法选择标题优先于概览，因为实验表明算法 TS 比算法 SS 具有更好的性能。
- **算法 TSS2**（Approach 2 for combining Title Scoring and Snippet Scoring，结合标题评分和概览评分的方法 2）。在此算法中，一个 SRR 的相似度是标题分数和概览分数的加权和。给前者的权重(0.9)高于给后者的权重(0.1)。

已提出了上述基本算法的几种变体[Rasolofo et al.，2003]。当多个 SRR 有相同的相似度时，第一种变体使用每个结果的发布日期打破这种平局，让更近发布的结果优先。第二种变体计算每个搜索引擎的排序分数，进而使用这些分数调整相似度(仅调整 $|T\cap Q|/\sqrt{|T|^2+|Q|^2}$

部分)。对分数超过平均分数的搜索引擎，这种调整增加从它们那里返回的搜索结果的相似度；对分数低于平均分数的搜索引擎，其结果的相似度会降低。对于每个搜索引擎，根据样本查询的搜索结果，第三种变体估计基于查准率(precision)的有用性分数，然后采取类似于上述第二种变体的方式，使用这些分数调整相似度。

也提出了另一些基于 SRR 的结果合并算法[Lu et al.，2005]。

- **算法 SRRim。**除了以下 3 点差异外，此算法类似于上述算法 TSS2：1)算法 SRRim 使用了不同的相似度函数，具体来说，余弦相似度函数和 Okapi 函数都检验了；2)用相等的权重来组合基于标题的相似度和基于概览的相似度；3)如果从多个搜索引擎检索到的同一文档具有不同概览(不同的搜索引擎通常会采取不同的方法来生成概览)，那么计算查询和每个 SRR 之间的相似度并把其中最大的作为此文档在结果合并中的最终相似度。
- **算法 SRRRank。**该算法使用多种特征对 SRR 进行排序。在 SRRim 中使用的相似度函数，无论是余弦函数还是 Okapi 函数，可能都不足以反映 SSR 与一个给定查询的真实匹配。例如，这些函数没有考虑邻近信息(如出现在一个 SRR 的标题和概览中的查询词之间的邻近度)，也没有考虑在标题和概览中查询词出现的次序。直观地，如果一个查询包含一个或多个词组，那么次序和邻近信息对于词组之间的匹配比单个词之间的匹配有更重要的意义。

  为了更好地对 SRR 进行排序，SRRRank 算法考虑与查询词有关的 5 种特征：1)出现在标题和概览中不同查询词的数目(NDT)；2)出现在标题和概览中查询词的总次数(TNT)；3)查询词出现在该 SRR 中的位置(TLoc)；4)对于出现的查询词，它们出现的次序是否与其在查询中的次序相同，以及它们是否相邻出现(ADJ)；5)包含不同出现查询词的窗口大小(WS)。

  特征 1 和 2 表示查询与一个 SRR 之间的重叠度。通常情况下，重叠度越大，两者越匹配。对于特征 3 有 3 种情况：全部在标题、全部在概览，以及分散在标题和概览中。这一特征描述

SRR中查询词的分布。标题的优先级一般要高于概览。如果出现的不同查询词都位于标题或概览中，那么窗口大小就是出现在标题或概览中连续单词的最小数目，并且出现的不同查询词至少在此窗口中出现一次；否则，窗口尺寸将视为无穷大。特征4与5表示出现在一个SRR中查询词的邻近度。直观地，这些词在一个SRR中出现得越邻近，它们就越可能与其在查询中的含义相同。

对于返回结果的每个SRR，上述信息被收集到之后，SRRRank算法对结果进行排序的方法如下。第一，基于在标题和概览字段中不同查询词的数目(NDT)，将SRR划分为几组。拥有不同词越多的组排序越高。第二，在每组中，基于不同查询词出现的位置(TLOC)，将SRR进一步划分为3个子组。这些词出现在标题中的子组排序最高，这些不同词出现在概览中的子组排序次之，这些词分散在标题和概览中的子组排序最末。第三，在每个子组中，在标题和概览中查询词出现次数(TNT)越多的SRR排序越高。如果在两个SRR中出现的查询词的个数相同，首先，如果在一个SRR中不同查询词出现的次序和邻近情况与在查询中相同，那么该SRR排序更高；然后，窗口大小(WS)越小的SRR排序越高。经过上述步骤，若存在平局，那么用本地排序打破平局。在合并后的列表中，具有较高本地排序的结果将有更高的全局排序。如果一个结果从多个搜索引擎检索出来，那么仅保留全局排序最高者。

- **算法SRRimMF。**该算法计算SRR与查询之间的相似度时比SR-Rim算法使用了更多的特征。该算法与算法SRRRank相似，不同之处为，对于SRRRank使用的每一个特征，SRRimMF量化匹配使得基于不同特征的匹配分数可以集聚为一个数值。考虑一个SRR的一个给定域，比如标题(同样的方法适用于概览)。对于标题中不同查询词的数目(NDT)，其匹配分数是NDT与不同词的总数目(QLEN)的比率，记为S_{NDT}=NDT/QLEN。对于标题中查询词的总数目(TNT)，其匹配分数是TNT与标题长度TITLEN的比率(TITLEN为标题中词的数目)，记为S_{TNT}=

TNT/TITLEN。对于查询词的次序和邻近信息(ADJ)，如果不同查询词的出现次序和邻近情况与其在标题中的相同，匹配分数 S_{ADJ} 为1，否则为0。在已处理的标题中，不同查询词的窗口大小转化为分数 $S_{WS}=(TITLEN-WS)/TITLEN$(窗口大小越小分数越高)。这些特征的所有匹配分数被聚集聚为一个数值，就是所处理的标题 T 和查询 q 之间的相似度，可以通过下式得到：

$$\mathrm{sim}(T,q)=S_{\mathrm{NDT}}+\frac{1}{\mathrm{QLEN}}(w_1S_{\mathrm{ADJ}}+w_2S_{\mathrm{WS}}+w_3S_{\mathrm{TNT}}) \quad (5\text{-}3)$$

其中 w_1、w_2 和 w_3 是权重参数。

对于每个 SRR，首先分别计算标题与查询之间的相似度(sim(T, q))和概览 S 与查询之间的相似度(sim(S, q))，然后合并为一个值：

$$\mathrm{sim}(\mathrm{SRR},q)=\frac{\mathrm{TNDT}}{\mathrm{QLEN}}(c\,\mathrm{sim}(T,q)+(1-c)\mathrm{sim}(S,q)) \quad (5\text{-}4)$$

其中 TNDT 是出现在标题和概览中不同查询词的总数。通过乘以 TNDT/QLEN，保证包含更多不同查询词的 SRR 排序更高。

由于元搜索引擎的成员搜索引擎有许多共享文档，所以同样的结果(基于实际文档，而非返回的 SRR)，比如说 R，可以被多个成员搜索引擎检索出来。在此情况下，为了合并的目的，需要一种方法来计算 R 的整体相似度。在前面描述的 SRRim 算法中，为了结果合并，查询词与所有对应于 R 的 SRR 之间的最大相似度作为其整体相似度。

如何将不同检索系统所计算的同一个文档的相似度进行合成的问题，在信息检索领域已经得到广泛的研究(可参考[Croft, W.，2000]，这是一篇好的综述文献)。一种常用的方法是进行一个线性组合，也就是同一个文档的各个本地相似度的加权和[Vogt and Cottrell，1999]。有多种可能的合成函数[Fox and Shaw，1994；Lee，J.，1997]。相比其他合成函数，combMNZ

的性能不错。对于一个给定的结果 R，这个函数可以表示为 sumsim * nnzs，其中 sumsim 是与 R 相应的所有 SRR 的相似度之和，而 nnzs 是对于 R 非零相似度的数目，该数目等于返回具有非零相似度的 R 的搜索引擎的数目。例如，考虑如下情况：有 4 个成员系统并且每个系统返回的所有结果都具有正的相似度。对于结果 R，假设 4 个系统中有 3 个系统返回一个相应的 SRR，那么对该 R，我们有 nnzs＝3。可以通过关于不同的检索系统在同一文档集上返回结果的如下观察[Lee，J.，1997]来说明函数 CombMNZ 的良好性能：不同的检索系统倾向于检索相同集合的相关文档，但不同集合的不相关文档。

元搜索引擎的结果合并可以采用 CombMNZ 函数如下：对于某个正整数 K，仅使用每个成员搜索引擎排序前 K 的 SRR 所对应的文档进行结果合并，也就是说，在一个成员搜索引擎排序前 K 的结果中，如果一个文档没有对应的 SRR，那么这个搜索引擎将该文档的相似度视为 0。注意，在实践中期待自治的搜索引擎返回所有与一个查询有非零相似度的结果是不切实际的。

5.3　基于结果本地排序的合并

在本节中，我们介绍几个主要基于检索结果的本地排序进行结果合并的算法。这些算法可以分为以下 4 类：

1）基于轮转的方法（round-robin based method）。这些方法按照某种次序每一轮从每个成员搜索引擎的结果列表中取出一个结果。

2）基于相似度转换的方法（similarity conversion based method）。这些方法将本地排序转换为相似度，从而得可以应用基于相似度的合并技术。

3）基于投票的方法（voting based method）。这些方法把每个成员搜索引擎视为选举中的投票者，并把每个结果视为选举中的候选人。基于投票的技术更适用于其成员搜索引擎的文档集包含大量重叠的元搜索引擎。

4)*基于机器学习的方法*(machine learning based method)。基于训练数据，针对合并结果列表中的每个结果，这类方法学习获得整体排序。

在下面的讨论中，假设有 N 个成员搜索引擎$\{S_1,\cdots,S_N\}$被用于处理一个给定的查询 q。用 $RL_i=(R_{i1},R_{i2},\cdots)$表示对于 q 从 S_i 中返回结果的列表。

5.3.1 基于轮转的方法

基于轮转的合并策略存在几种变体[Rasolofo et al.，2003]，可以概括为以下两种算法。

- **算法 SimpleRR**(Algorithm SimpleRR)。这个简单的轮转方法包括两个步骤。第一步，将所选择的搜索引擎做一个任意排序。第二步，通过若干迭代或循环从这些搜索引擎的各个结果列表中提取结果，然后按照相同顺序对提取的结果进行排序。每次循环，基于第一步获得的搜索引擎排序，从每个 RL_i 中提取下一个尚未提取的结果。这个过程重复进行，直到所有结果列表都全部提取完毕。如果一个结果列表提取完毕，轮转过程对剩余的结果列表继续进行。这种简单的合并方法不大可能获得好的性能，因为它认为所有具有相同本地排序的结果的相关可能性是相同的，而忽略了如下事实：对于一个给定的查询，不同选择的搜索引擎的有用性通常是不同的。
- **算法 PriorityRR**(Algorithm PriorityRR)。通过赋予在搜索引擎选择步骤中获得更高排序分数的搜索引擎优先权，这种方法改进了 SimpleRR 算法。换句话说，算法 PriorityRR 与算法 SimpleRR 仅有的不同之处是搜索引擎排序方法，即前者使用排序分数将搜索引擎降序排列，而后者使用随机排序。注意，PriorityRR 算法没有考虑搜索引擎分数之间的不同(即只有排序信息被用到了)。

下面是算法 PriorityRR 的一个随机版本[Voorhees et al.，1995]。我们称这种方法为算法 RandomRR。

- **算法 RandomRR**(Algorithm RandomRR)。回顾 MRDD 成员搜索引擎选择方法(见 3.2 节)，针对一个给定的查询，首先确定应该从每个成员搜索引擎检索多少结果才能最大限度地提高检索的查准率。假设从每个选定的成员搜索引擎已经检索到所需数目的结果，并且已经获得 N 个结果列表 RL_1，…，RL_N。为了选择下一个结果放入合并列表中，我们模拟掷一颗骰子。该骰子有 N 个面对应 N 个结果列表。假设尚未选择的结果总数是 n，n_i个结果仍在 RL_i 中。骰子是有偏向的，掷骰子时，对应 RL_i 的那一面朝上的概率为 n_i/n。当对应 RL_i 的那一面朝上时，选择列表 RL_i 中现在最高排序的结果作为合并列表中下一个最高排序的结果。选择后，将选择的结果从 RL_i 中移除，并且将 n_i 和 n 都减去 1。各个概率值也相应更新。这样，基于概率模型对检索结果排序。

5.3.2 基于相似度转换的方法

在一些论文中已经提出了将排序转换为相似度的方法。文献[Lee, J. 1997]使用下面的函数，将本地排序转换为相似度值：

$$\text{Rank\_sim}(\text{rank}) = 1 - \frac{\text{rank} - 1}{\text{num\_of\_retrieved\_docs}} \tag{5-5}$$

这个函数给排序最高的结果的相似度赋值为 1，其他结果的相似度依赖于这些结果的本地排序和被检索的结果的总数目。可以看出，对于相同排序结果，这个函数将为来自检索到更多结果的搜索引擎的结果赋予更高的相似度。例如，考虑两个搜索引擎 S_1 和 S_2，对于一个给定的查询，假设 S_1 检索到 10 个结果，S_2 检索到 100 个结果。基于式(5-5)，S_1 中排序第 2 的结果的相似度为 0.9，而 S_2 中排序第 2 的结果的相似度为0.99。基于这一观察，元搜索引擎可以通过从排序分数更高的成员搜索引擎检索更多的结果来提高从更有用搜索引擎返回的结果在合并列表结果中的排序，尽管[Lee，J. 1997]并没有考虑这一点。

在D-WISE[Yuwono and Lee，1997]中，使用下面的转换方法。对于一个给定的查询q，用rs_i表示搜索引擎S_i的排序分数，用rs_{min}表示对于q所有选择的搜索引擎中的最低排序分数(即$rs_{min}=\min\{rs_i\}$)，并且用rank表示S_i中一个结果R的本地排序。请记住排序分数是一个数值，对于一个给定查询，这个值越高，相应的搜索引擎就越好。下面的函数把rank转换为相似度值：

$$\text{sim}(\text{rank})=1-(\text{rank}-1)\frac{rs_{min}}{m\times rs_i} \tag{5-6}$$

其中m是要从所有选择的搜索引擎中得到结果的数目。这个转换函数具有以下性质。第一，类似式(5-5)，所有来自各个成员搜索引擎排序最高的结果将有相同的转换后的相似度1。这意味着所有来自各个成员搜索引擎排序最高的结果被认为有相同可能的有用性。第二，式(5-6)中的分数部分，即$F_i=rs_{min}/(m\times rs_i)$，用于建模搜索引擎$S_i$中两个连续排序的结果转换后的相似度之间的差异。换言之，S_i中排序为第j个和第$(j+1)$个结果的转换后的相似度之间的差异是F_i。搜索引擎的排序分数越低，这个差异越大。这样，如果来自有较高排序分数的搜索引擎的结果R的排序与来自有较低排序分数的搜索引擎的结果R^*的排序相同，但二者都不是排序最高的，那么R的转换后相似度将大于R^*的转换后相似度。其后果是这个方法倾向于从有高排序分数的搜索引擎中选择更多的文档加入合并结果列表中。

例5.1 考虑两个搜索引擎S_1和S_2。假定$rs_1=0.2$且$rs_2=0.5$。此外，假定所需要的4个结果将来自这两个搜索引擎。因此，$rs_{min}=0.2$，$F_1=0.25$且$F_2=0.1$。基于转换函数(式(5-6))，S_1的排序前3的结果的转换后的相似度分别为1、0.75和0.5，而S_2的排序前3的结果的转换后的相似度分别为1、0.9和0.8。因此，合并结果列表将包含3个S_2中的结果和一个S_1中的结果。合并结果列表中的结果将根据其转

换后的相似度降序排列。 ■

样本块拟合估计(Sample-Agglomerate Fitting Estimate，SAFE)方法[Shokouhi and Zobel，2009]通过利用相同搜索引擎的样本文档的全局相似度，把本地排序转换为全局相似度。这种方法假设通过对每个成员搜索引擎的一些文档采样，已经提前创建了一个集中样本文档集CSD。为了支持搜索引擎选择，需要生成搜索引擎表记，为此需要收集样本文档，CSD在那时就可以建起来(见3.4.6节)。对于成员搜索引擎S_i，用SD(S_i)表示来自S_i的CSD中的样本文档集合。对于一个给定的查询q，SAFE方法由以下3个步骤组成：

1)将SD(S_i)中的文档作为文档集CSD的一部分，使用全局相似度函数计算q与SD(S_i)中每个文档之间的全局相似度。换言之，基于CSD收集的统计数据(例如，文档频率)将用于计算SD(S_i)中文档的词权重。

2)确定SD(S_i)的文档在S_i的所有文档中应当被排序的位置。存在两种情况：1)SD(S_i)中没有文档出现在从S_i返回的结果列表RL_i中，即SD(S_i)$\cap \text{RL}_i=\varnothing$；2)SD($S_i$)$\cap \text{RL}_i \neq \varnothing$。在前一种情况下，假定在$\text{RL}_i$中的返回文档都排序在SD($S_i$)中所有文档之前，并且SD($S_i$)中所有文档在$S_i$的全部文档中对于$q$的排序是均匀分布的。具体来说，在$S_i$的全部文档中，SD($S_i$)的排序第$k$的结果基于其全局相似度将排序在位置$k|S_i|/|\text{SD}(S_i)|$，其中$|X|$表示$X$中文档的数量。在后一种情况下，SD($S_i$)$\cap \text{RL}_i$中的文档将在$RL_i$中排序，而SD($S_i$)中剩余的文档将均匀排序。

3)用曲线拟合法估算RL_i中文档的全局相似度。具体来说，SAFE用如下线性回归法确定样本文档相似度和它们的估计排序之间的关系：

$$\text{sim}(d)=mf(\text{rank}(d))+e \tag{5-7}$$

其中sim(d)表示SD(S_i)中一个样本文档d的全局相似度，rank(d)是d在S_i中的文档所估计的排序，m和e是两个常数，f()是一个将文档排序映射为不同分布的函数。在SAFE的实验中用过的映射函数包括

$f(x)=x$，$f(x)=\ln x$ 等。对于任一给定的映射函数，基于全局相似度和 $SD(S_i)$ 中文档的排序，对于搜索引擎 S_i 可以估算 m 和 e 的最佳的拟合值。因此，根据文档的排序，可以用式(5-7)估计 RL_i 中的其他返回文档的全局相似度。最后，来自所有选定成员搜索引擎的结果按照所估计的全局相似度在合并结果列表中降序排列。

5.3.3 基于投票的方法

如前所述，在基于投票的方法中，成员搜索引擎作为选举中的投票者，而检索结果作为选举中的候选人。在该选举中，我们不但对哪个候选人获胜感兴趣(即在合并结果列表中排序第一者)，而且也关心所有候选人的排序位置。在理想情况下，每个投票者将所有候选人排序，并且不允许有平局。转化为元搜索引擎情景，是指每个选定的成员搜索引擎对同一个集合的结果给出排序列表。在实践中，成员搜索引擎通常有不同的文档集，这意味着，对于任一给定的查询 q，不同的结果列表 $RL_i=(R_{i1}, R_{i2}, \cdots)$ 包含相同的结果集合是极不可能的。然而，基于投票的方法仅适用于成员搜索引擎的文档集有大量重叠的元搜索引擎。

主要有两种类型的投票策略。第一类包括基于 Borda 方法的不同变体，这是一种基于位置的方法，这类方法针对每个结果根据其在不同本地结果列表中的排序位置为该结果计算一个总分数，并且按其总分数对结果降序排列。第二类包括基于 Condorcet 方法的不同变体，这是一种少数服从多数的方法，这类方法在合并结果列表中一个结果将比另一个结果排序更高(更好)，仅当在大多数的本地结果列表中前者的排序高于后者。

1. Borda 方法

下面介绍两种针对元搜索环境提出的 Borda 方法[Aslam and Montague，2001]。

- **基本 Borda 融合**(Basic Borda-fuse)。这种方法假设每个被选定

的成员搜索引擎检索了相同的结果集。假设每个结果列表 RL_i 包含 n 个结果。基本的 Borda 融合方法分配一些点(分数)给它的本地结果列表中的每个结果，以反映该结果的需求度。它要求每个结果接收一些点，同时，每个搜索引擎所用点的总数是相同的。常用的点分配策略如下：每个列表中排序第 i 的结果接收$(n-i+1)$个点。因此，每个列表中排序最高的结果接收 n 个点，接下来，下一个排序最高的结果接收$(n-1)$个点，以此类推。在实际中，不同的结果集合可能是从不同搜索引擎返回的。在这种情况下，来自所有被选定搜索引擎的结果集合的并集，记为 URS，用来进行点分配。如果 URS 有 m 个结果，那么总共有 $P_1=1+2+\cdots+m$ 个点分配到每个列表 RL_i。RL_i 中排序第 j 的结果接收$(m-j+1)$个点。如果 RL_i 有 k 个结果，这些结果总共接收 $P_2=m+(m-1)+\cdots+(m-k+1)$个点。使用剩余的$(P_1-P_2)$个点的一种方法是：把它们平均分配给在 URS 中但不在 RL_i 中的结果，也就是那些不属于 RL_i 的但现在为了合并的目的被加入 RL_i 中的结果。例如，假设对于一个用户查询，URS 有 5 个结果$\{a, b, c, d, e\}$，意味着每个搜索引擎必须分配的点的总数是 $1+2+3+4+5=15$ 个。如果$RL_i=(a, c, e)$，那么将给 a、c 和 e 分别分配 5 个、4 个和 3 个点，同时，给 b 和 d 分别分配 1.5 个点，即剩余 3 个点的一半。

当点分配过程结束时，URS 中的每个结果从每个被选定的成员搜索引擎中接收一些点。然后，对于每个结果，把来自所有这些搜索引擎的点数相加。在合并结果列表中，按照结果的点数之和的降序排列。

- **加权 Borda 融合**(Weighted Borda-fuse)。在这个 Borda 方法的变体中，每个搜索引擎都有一个权重来反映搜索引擎的整体质量或性能。用 w_i 表示搜索引擎 S_i 的权重。使用搜索引擎权重的一种简单策略是：用来自 S_i 的每个结果的点数乘以 w_i[Aslam and Montague，2001]。每个搜索引擎的权重是其基于一组训练查询的平均查准率。在使用中，该权重对具体用户查询是不敏感的。使用搜索引擎的排序分数作为其权重已被提出[Meng and Yu, 2010]。这种方法的优点是，每个搜索引擎的这一权重与当前查询是有特定关联的。

Tsikrika 和 Lalmas[Tsikrika and Lalmas，2001]提出了一种方法㊀，这种方法结合了基于 SRR 的方法(见 5.2 节)和基于位置排序的方法。令 M1 是一种基于 SRR 的方法（M1 是 TSR 方法或 TSRDS 方法之一[Tsikrika and Lalmas，2001]，见 5.2 节)。令 M2 是一种基于排序的方法(该文中没有提到给排序位置赋予分数的任何具体方法；但基本 Borda 融合可以作为这样一种方法)。这两种方法(即 M1 和 M2)的每一种都生成一个排序结果列表。方法 TSRR 把这两个列表作为输入并再次使用 M2 产生最终的合并结果列表。

2. Condorcet 方法

给定 N 个本地结果列表，这类方法的基本思想是：合并列表中一个结果的排序应该反映所有结果列表按下述意义的特性，也就是说，如果一个结果在大多数结果列表中的排序高，那么它在合并列表中也应该排序高。具体来说，如果结果 R_i 在 N 个结果列表的大多数中的排序高于R_j，那么结果 R_i在合并列表中的排序也应该高于结果 R_j(即 R_i胜过 R_j)。例如，考虑 3 个本地结果列表：$RL_1=(R_1, R_2, R_3)$，$RL_2=(R_1, R_3, R_2)$和 $RL_3=(R_2, R_1, R_3)$。容易看出，R_1胜过 R_2，R_1胜过 R_3 并且 R_2 胜过 R_3。因此，一个合理的合并列表是(R_1, R_2, R_3)。总的说来，关系胜过(beat)不具有传递性。例如，考虑下面的 3 个本地结果列表：$RL_1=(R_3, R_1, R_2)$，$RL_2=(R_1, R_2, R_3)$，$RL_3=(R_2, R_3, R_1)$；在这种情况下，R_1胜过 R_2，R_2胜过 R_3，但是 R_3胜过 R_1。给定两个结果 R_i 和 R_j，如果既非 R_i 胜过 R_j 也非 R_j 胜过 R_i，那么我们称 R_i和 R_j 是平局的。一个环中的各个结果也认为是平局的[Montague and Aslam，2002]。

㊀ 为便于参考，我们称为 TSRR 方法。

Condorcet 方法和 Borda 方法经常产生不同的合并结果。

例5.2 考虑两个本地结果列表：$RL_1=(R_1, R_2, R_3)$和$RL_2=(R_2, R_3, R_1)$。基于 Condorcet 方法，R_1和R_2为平局，因为每个胜过另一个恰好一次；但基于Borda方法，在合并列表中R_2的排名将高于R_1，因为R_2的总点数是5，而R_1的总点数是4。如果我们给上述两个列表再增加另一个本地结果列表$RL_3=(R_1, R_2, R_3)$，那么基于 Condorcet 方法，R_1将胜过R_2，但基于 Borda 方法，R_1和R_2将是平局的。■

作为一种选举机制，一些研究者认为 Condorcet 方法比 Borda 方法有更多理想的特性，例如，匿名性(anonymity，平等对待所有投票者)、中立性(neutrality，平等对待所有候选人)和单调性(monotonicity，一个候选人有更多的支持者，不会有损其当选)[Montague and Aslam, 2002；Moulin, H., 1988]。另一方面，Borda 方法比 Condorcet 方法更容易实现。

下面的 Condorcet 融合方法和加权 Condorcet 融合方法是由 Montague 和 Aslam[Montague and Aslam, 2002]提出的。这两种方法都假设：所有本地结果列表都包含相同的结果集。

- **Condorcet 融合**(Condorcet-fuse)。用 RS 表示所考虑的结果集。基于下面关于任意两个结果R_i和R_j之间的比较函数，该方法对 RS 中的结果排序。如果在多于一半的本地结果列表上R_i排序高于R_j，那么R_i排序在R_j之前；否则，R_j排序在R_i之前。当排序完成之后，该方法输出排序结果作为合并结果列表。

该算法被证明具有以下性质[Montague and Aslam, 2002]：首先，它对非平局的结果正确排序，并且对平局的结果连续排序。其次，它的复杂度为$O(Nn\lg n)$，其中N是本地结果列表的数目，n是被合并的不同结果的数目。

- **加权 Condorcet 融合**(Weighted Condorcet-fuse)。该方法首先将每个成员搜索引擎与一个权重相结合。然后，它替代 Condorcet

融合中的比较函数：如果排序 R_i 高于 R_j 的搜索引擎的权重之和大于排序 R_j 高于 R_i 的搜索引擎的权重之和，那么把 R_i 排序在 R_j 之前(在合并列表中)；否则，把 R_j 排序在 R_i 之前(在合并列表中)。

在加权 Borda 融合方法中，关于搜索引擎权重选择的讨论可应用于加权 Condorcet 融合方法。

文献[Dwork et al.，2001]提出了 Condorcet 方法的几种变体。在第一种方法中，基于 N 个给定结果列表，首先构造一个 $n \times n$ 矩阵 $\boldsymbol{M}$，其中 n 是这些结果列表的不同结果的数目。矩阵中的项定义如下。对于 $i \neq j$，若 R_j 胜过 R_i 则 $M[i, j]=1$，若 R_i 和 R_j 平局则 $M[i, j]=0.5$，若 R_i 胜过 R_j 则 $M[i, j]=0$。$M[j, j]=n-(M[j, 1]+\cdots+M[j, j-1]+M[j, j+1]+\cdots+M[j, n])$。直观地，$M[j, j]$ 为 $n-n_j$，其中 n_j 是胜过 R_j 的结果的数目，其中平局计为 0.5。类似地，$M[1, j]+\cdots+M[j-1, j]+M[j+1, j]+\cdots+M[n, j]$ 是 R_j 胜过的结果的数目，记为为 m_j，平局仍然计为 0.5。因此，第 j 列所有项之和为 $C_j=n-n_j+m_j$。若一个结果胜过所有其他结果，则其列之和等于 $2n-1$；然而，若一个结果败于所有其他结果，则其列之和等于 1。因此，一个简单的结果合并算法是按它们列之和对结果降序排列。

上述方法的一个变体如下所述。计算 $M'[i, j]=M[i, j]/n$，其解释为：存在一个有 n 个节点(结果)的图，并且 $M'[i, j]$ 是一个冲浪者从结果 R_i 移动到结果 R_j 的转移概率。若 R_j 胜过 R_i，则概率是正的；若 R_j 和 R_i 平局，则概率减半；若 R_i 胜过 R_j，则概率为 0。目标是发现冲浪者最终在各个节点终止的概率，类似于计算 PageRank 的方法[Page et al.，1998]。考虑一个随机向量 $\boldsymbol{V}=[v_1, \cdots, v_n]$，其中 v_i 是冲浪者最初在 R_i 的开始概率。令 $\boldsymbol{U}_1=\boldsymbol{V}\boldsymbol{M}'=[u_1, ..., u_n]$，其中 u_i 是由矩阵 $\boldsymbol{M}'$ 给出的经过一次转移之后到达 R_i 的概率。如果重复这些转移直到 $\boldsymbol{U}_t=\boldsymbol{U}_{t-1}\boldsymbol{M}'=[u_1^*, ..., u_n^*]$，那么 u_i^* 是最终到达 R_i 的稳定概率。这意味着 $\boldsymbol{U}_t$ 是 $\boldsymbol{M}'$ 的属于特征值 1 的一个特征向量。然后，在合并列表中根据结果在 $\boldsymbol{U}_t$ 中的值进行降序排列。

例5.3 考虑有如下4个本地结果列表：$RL_1=(R_2, R_1, R_3)$，$RL_2=(R_2, R_1, R_3)$，$RL_3=(R_1, R_3, R_2)$，$RL_4=(R_3, R_2, R_1)$。此处，R_1胜过R_3，R_2胜过R_1，R_2和R_3是平局。矩阵$\boldsymbol{M}'$是

$$\begin{bmatrix} 2/3 & 1/3 & 0 \\ 0 & 2.5/3 & 0.5/3 \\ 1/3 & 0.5/3 & 1.5/3 \end{bmatrix}$$

$\boldsymbol{M}'$的属于特征值=1的一个特征向量$\boldsymbol{U}_t$为[0.2, 0.6, 0.2]。因此，这3个结果的一个可能排序是(R_2, R_1, R_3)。■

$\boldsymbol{U}_t$有一个零值的集合和一个正数值的集合都是可能的。直观地，正值对应于汇(sink)而零值对应于源(source)，使得如果我们从源出发，那么我们最终在汇结束。对具有正值的结果按照其值的大小进行非递增顺序排列，并且排在具有零值的结果的前面。为了对具有零值的结果排序，通过去掉已排序结果对矩阵$\boldsymbol{M}'$进行修改。使用修改的$\boldsymbol{M}'$通过相同的过程为剩余的结果排序。重复这个过程，直到所有的结果都被排序。

例5.4 考虑下面的结果列表：$RL_1=(R_1, R_2, R_3)$，$RL_2=(R_1, R_3, R_2)$，$RL_3=(R_2, R_1, R_3)$。在这个例子中，R_1胜过R_2，R_1胜过R_3，R_2胜过R_3。矩阵$\boldsymbol{M}'$是

$$\begin{bmatrix} 1 & 0 & 0 \\ 1/3 & 2/3 & 0 \\ 1/3 & 1/3 & 1/3 \end{bmatrix}$$

这样，$\boldsymbol{M}'$的属于特征值=1的一个特征向量$\boldsymbol{U}_t$是[1, 0, 0]。因此，R_1排序第一。在R_1被去掉之后，为剩余结果而修改的矩阵$\boldsymbol{M}'$变为

$$\begin{bmatrix} 1 & 0 \\ 1/2 & 1/2 \end{bmatrix}$$

新的$\boldsymbol{U}_t$是[1, 0]。因此，R_2排序第二且R_3排序第三。最终，3个结果的排序是(R_1, R_2, R_3)。■

5.3.4 基于机器学习的方法

基于机器学习的结果合并技术需要使用训练数据学习获得一个合并模型。贝叶斯融合方法(Bayes-fuse method)[Aslam and Montague, 2001]是一种基于学习的方法。这个方法基于贝叶斯推理。令 $r_i(R)$是成员搜索引擎 S_i返回的结果R 的本地排序(若R 不是被S_i检索到的，则假设 $r_i(R)=\infty$)。这个排序可以认为是 R 提供给结果合并器的相关性证据(evidence of relevance)。给定排序 r_1，r_2，…，r_N，令 $P_{rel}=\Pr(rel \mid r_1, \cdots, r_N)$ 和 $P_{irr}=\Pr(irr \mid r_1, \cdots, r_N)$ 分别是 R 的相关 (relevant) 概率和不相关 (irrelevant) 概率，其中 N 是针对所给查询而选定的成员搜索引擎的数目。基于信息检索中的最优检索原则，具有较大比率 $O_{rel}=P_{rel}/P_{irr}$ 的结果更可能是相关的。

基于贝叶斯规则，我们有

$$P_{rel}=\frac{\Pr(r_1, \cdots, r_N \mid rel)\Pr(rel)}{\Pr(r_1, \cdots, r_N)} \text{和}$$

$$P_{irr}=\frac{\Pr(r_1, \cdots, r_N \mid irr)\Pr(irr)}{\Pr(r_1, \cdots, r_N)}$$

因此

$$O_{rel}=\frac{\Pr(r_1, \ldots, r_N \mid rel)\Pr(rel)}{\Pr(r_1, \ldots, r_N \mid irr)\Pr(irr)}$$

假设不同成员搜索引擎赋予相关文档和不相关文档的本地排序是独立的，我们有

$$O_{rel}=\frac{\prod_{i=1}^{N}\Pr(r_i \mid rel)\Pr(rel)}{\prod_{i=1}^{N}\Pr(r_i \mid irr)\Pr(irr)} \text{和}$$

$$\log O_{rel}=\sum_{i=1}^{N}\log\frac{\Pr(r_i \mid rel)}{\Pr(r_i \mid irr)}+\log\frac{\Pr(rel)}{\Pr(irr)} \tag{5-8}$$

注意基于 O_{rel} 和 $\log O_{rel}$ 的排序是相同的。此外，去掉式(5-8)中的

第二项不会影响排序，因为它是所有结果共有的。用 rel(R)表示对于结果 R 计算的最终值，即

$$\text{rel}(R)=\sum_{i=1}^{N}\log\frac{\Pr(r_i(R)\mid \text{rel})}{\Pr(r_i(R)\mid \text{irr})} \tag{5-9}$$

对来自所有成员搜索引擎的结果，Bayes 融合方法按照 rel(R)降序排序。式(5-9)中的条件概率可以根据已知相关性判断的训练数据(例如 TREC 数据)进行估计[Aslam and Montague，2001]。

第6章

总结与后续研究

本书全面阐述了与构建搜索文本文档的元搜索引擎相关的核心技术问题。以往研发的大多数元搜索引擎一般包含小数量的成员搜索引擎，不同于此类元搜索引擎，本书从构建连接成千上万个成员搜索引擎的大规模元搜索引擎的视角讨论元搜索引擎技术。本书深入分析了大规模元搜索引擎可能带来的益处，以及与常规元搜索源引擎和搜索引擎相比，大规模元数据引擎存在的优势。这些益处和优势包括更广泛的 Web 搜索范围，更容易地访问深网，可能获取更优质的内容，以及可能获得更好的检索效果。为了构建高质量的大规模元搜索引擎，需要解决一些新的具有挑战性的技术问题，本书对此也进行了讨论。一般而言，对于几个关键部件，高度可扩展化和自动化的解决方案是必要的。

本书描述了一个大规模元搜索引擎的体系结构。基于这种体系结构，一个大规模元搜索引擎有 3 个主要部件，即搜索引擎选择器、搜索引擎加入器和结果合并器。对于每一个部件，分析了与其相关的一些技术挑战并论述了许多代表性的解决方案。通常根据某种分类方式，将这些解决方案分为不同的类别。更具体地说，对于搜索引擎选择，论述了 3 种基于学习的方法、3 种基于样本文档的技术和 5 种统计表记方法。此外，还介绍了一些用于生成统计表记方法中的表记的方法。对于搜索引擎加入，分析了其中的2个子部件，即搜索引擎连接器和搜索结果抽取器。对于搜索引擎连接，论述了HTML搜索表单和HTTP连接方法。对于搜索结果提取器，描述了3种半自动化方法和4种自动化方法。对于结果合并，根据使用何种信息来进行结果合并，论述了3种类型的技术，包括使用检索结果的完全文档内容的方法、主要利用返回检索结果记录(SRR)的方法、主要使用检索结果的本地排序的方法。

在过去的15年里，元搜索引擎技术取得了很大的进步。建立了大量的商业元搜索引擎，其中许多仍在Web上运行，虽然正在运行的元搜索引擎的准确数目是未知的。2008年，Webscalers推出了一个名为ALLInOneNews的大规模新闻类元搜索引擎(http://www.allinonenew.com/)，这个元搜索引擎由1800个成员搜索引擎组成，这表明当前的技术已经能够建立真的大规模元搜索引擎。

虽然大规模元搜索引擎技术取得了很大进展，但是还有一些重大技术挑战仍有待妥善解决，只有解决了这些挑战性的问题，才能有效地构建与管理真正意义上的大规模元搜索引擎。下面，我们将介绍其中的一些挑战性问题。

- **搜索引擎表记的生成与维护。**目前，最有效的搜索引擎选择算法是采用基于统计学表记的一些算法。虽然实验证明了基于查询的一些抽样方法生成的搜索引擎表记的质量是可以接受的，但是还没有证明对于大量的真实自治搜索引擎这些方法具有实际可行性。一些搜索引擎选择算法所使用的某些统计数据(比如最大规范化权重)收集起来仍然开销太大，以至于难于收集，这是由于它需要提交庞大数量的查询才能覆盖一个搜索引擎的词汇表的可观部分。因为搜索引擎的词汇表可能非常大且搜索引擎的数目也可能非常多，所有生成高质量表记的代价可能是高不可及的。此外，搜索引擎的内容可能随时间而变化，如何有效地维护搜索引擎表记的质量成为一个重要议题，此议题最近才开始得到关注[Ipeirotis et al., 2007]，这个问题尚需更多的研究。

- **对具有复杂搜索表单的自动搜索引擎连接。**根据我们的观察，更多的搜索引擎正在采用更加先进的工具来为它们的搜索表单编程。例如，现在越来越多的搜索表单使用 Javascript。一些搜索引擎还在它们的连接机制中包含了 cookie 和会话标识符(session id)。这些复杂性使得自动提取全部所需的连接信息变得更加困难。
- **对于更复杂格式生成自动结果包装器。**当 HTML 响应页面没有 JavaScript 且检索结果记录(SRR)在一个单一板块上以单列形式连续显示时，目前的自动包装器生成技术能够达到 95%以上的准确率。然而，当更复杂的情况出现时，准确率显著下降。例如，当 SRR 被分成不同的板块时，一个提取 SRR 的方法的平均准确率约为 80%[Zhao et al., 2006]。因此需要更先进的技术处理这些情况。我们注意到在当前所有的自动包装生成方法中，只有 ODE[Su et al., 2009]在一个解决方案中使用了响应页面的标签结构和视觉特征以及领域本体。然而，在 ODE 中仅使用了非常有限的视觉特征。一般而言，能够同时充分利用标签结构、视觉功能和领域本体的解决方案尚未出现。
- **自动维护。**由于版本升级或其他原因，元搜索引擎所使用的搜索引擎可能会产生各种变化。一些可能的变化包括搜索方式的变化(例如，添加 JavaScript)、查询格式的变化(例如，从布尔查询变为向量空间查询)和结果展示格式的变化。这些变化能够导致搜索引擎在元搜索引擎中无法使用，除非进行必要的自动维护。元搜索引擎的维护自动化是一个大规模元搜索引擎能够顺利运行的关键，但这一重要问题在很大程度上仍未解决。主要存在两个问题：一个是自动检测和区分各种变化；另一个是自动对不同类型的变化进行修复。
- **更先进的结果合并算法。**到目前为止，已经提出了大量的结果合并算法(见第 5 章)。然而，对于结果合并，大多数算法仅使用了可用信息的一小部分。例如，基于排序的解决方案通常不使用 SRR 中的标题和概览信息。直观地，如果一种算法能够有效地使用检索结果的本地排序、标题、概览和发表时间、成员搜索引擎的排序分数，以及从每个成员搜索引擎获得的样本文档所组成的样本文档集合，那么该算法的性能很可能优于那些只利用这些信息的一小部分的解决方案。

- **建立一个真正意义上的大规模元搜索引擎。**在 Web 上，文档驱动的专用搜索引擎的数目估计超过 2000 万[Madhavan et al., 2007]。如果建立一个能够连接绝大多数这些搜索引擎的元搜索引擎，那么将给 Web 用户带来前所未有的 Web 搜索范围。然而，建立如此规模的一个元搜索引擎所涉及的许多技术挑战超过本书所讨论的技术。其中的一些挑战包括：如何识别这些搜索引擎，如何度量这些搜索引擎的质量（它们中的某些搜索引擎可能有非常差的质量，不应该使用），以及如何识别和删除其中冗余的搜索引擎。

本书重点介绍检索文本文档的元搜索引擎。还有另一种类型的元搜索引擎，用于搜索存储在后台数据库系统中的结构化数据。这种类型的元搜索引擎有时称为*数据库元搜索引擎*（database metasearch engine）或者 Web 数据库集成系统（Web database integration system）。虽然本书介绍的一些概念和技术，如搜索引擎连接和包装器生成，可应用于数据库元搜索引擎，但是构建这类元搜索引擎将会出现许多新的研究课题和开发问题。这些议题包括：如何提取和理解 Web 数据库的搜索界面模式（这样的界面经常有多个搜索字段），如何把相同领域内的多个 Web 数据库的搜索界面整合为一个集成的界面，以及如何用有意义的标签来注释所提取的数据项（即属性值）等。与这些问题相关的部分工作可以在 http://www.cs.binghamton.edu/~meng/DMSE.html㊀找到。

㊀ 访问日期为 2010 年 11 月 3 日。

参考文献

A. Arasu and H. Garcia-Molina. (2003) Extracting structured data from Web pages. In *Proc. ACM SIGMOD Int. Conf. on Management of Data*, pages 337–348, 2003. 73

J. Aslam and M. Montague. (2001) Models for metasearch. In *Proc. 24th Annual Int. ACM SIGIR Conf. on Research and Development in Information Retrieval*, pages 276–284, 2001. DOI: 10.1145/383952.384007 97, 98, 101, 102

R. A. Baeza-Yates and B. Ribeiro-Neto. (1999) *Modern Information Retrieval.* Addison-Wesley Longman Publishing Co., 1999. 6

R. Baumgartner, S. Flesca, and G. Gottlob. (2001) Visual Web information extraction with Lixto. In *Proc. 27th Int. Conf. on Very Large Data Bases*, pages 119–128, 2001a. 71

R. Baumgartner, S. Flesca, and G. Gottlob. (2001) Supervised wrapper generation with Lixto. In *Proc. 27th Int. Conf. on Very Large Data Bases*, pages 715–716, 2001b. 70, 71

A. Broder. (2002) A taxonomy of Web search. *ACM SIGIR Forum*, 36(2):3–10, 2002. DOI: 10.1145/792550.792552 5

D. Buttler, L. Liu, and C. Pu. (2001) A fully automated object extraction system for the World Wide Web. In *Proc. 21st Int. Conf. on Distributed Computing Systems*, paper 361, 2001. 73, 74, 75, 76

D. Cai, S. Yu, J. Wen, and W. Ma. (2003) Extracting content structure for Web pages based on visual representation. In *Proc. 5th Asian-Pacific Web Conference*, pages 406–417, 2003. 82

J. Callan, M. Connell, and A. Du. (1999) Automatic discovery of language models for text databases. In *Proc. ACM SIGMOD Int. Conf. on Management of Data*, pages 479–490, 1999. DOI: 10.1145/304181.304224 57, 58, 59

J. Callan, W. B. Croft, and S. Harding. (1992) The Inquery retrieval system. In *Proc. 3rd Int. Conf. Database and Expert Systems Appl.*, pages 78–83, 1992. 48

J. Callan, Z. Lu, and W. B. Croft. (1995) Searching distributed collections with inference networks. In *Proc. 18th Annual Int. ACM SIGIR Conf. on Research and Development in Information Retrieval*, pages 21–28, 1995. DOI: 10.1145/215206.215328 47, 85, 86

C. H. Chang, M. Kayed, M. R. Girgis, and K. F. Shaalan. (2006) A survey of Web information extraction systems. *IEEE Trans. Knowl. and Data Eng.*, 18(10):1411–1428, 2006. DOI: 10.1109/TKDE.2006.152 69, 70

comScore.com. (2010) *comScore Releases August 2010 U.S. Search Engine Rankings*. Available at `http://www.comscore.com/Press_Events/Press_Releases/2010/9/comScore_Releases_August_2010_U.S._Search_Engine_Rankings`. Accessed on October 18, 2010. 3

J. Cope, N. Craswell, and D. Hawking. (2003) Automated discovery of search interfaces on the Web. In *Proc. 14th Australasian Database Conf.*, pages 181–189, 2003. 65, 66

N. Craswell. (2000) *Methods in Distributed Information Retrieval*. Ph.D. thesis, School of Computer Science, The Australian National University, Canberra, Australia, 2000. 21

N. Craswell, D. Hawking, and P. Thistlewaite. (1999) Merging results from isolated search engines. In *Proc. 10th Australasian Database Conf.*, pages 189–200, 1999. 89

V. Crescenzi, G. Mecca, and P. Merialdo. (2001) RoadRunner: Towards automatic data extraction from large Web sites. In *Proc. 27th Int. Conf. on Very Large Data Bases*, pages 109–118, 2001. 73

W. B. Croft. (2000) Combining approaches to information retrieval. In W. B. Croft, editor, 2000 *Advances in Information Retrieval: Recent Research from the Center for Intelligent Information Retrieval*, pages 1–36, Kluwer Academic Publishers, 2000. 28, 93

W. B. Croft, D. Metzler, and T. Strohman. (2009) *Search Engines: Information Retrieval in Practice*. Addison-Wesley, 2009. 5, 8

M. Cutler, H. Deng, S. Manicaan, and W. Meng. (1999) A new study on using HTML structures to improve retrieval. In *Proc. 11th IEEE Int. Conf. on Tools with AI* pages 406–409, 1999. DOI: 10.1109/TAI.1999.809831 13, 14

Dogpile.com (2007) *Different Engines, Different Results*. 2007. Available at `http://www.infospaceinc.com/onlineprod/Overlap-DifferentEnginesDifferentResults.pdf`. Accessed on November 3, 2010. 26, 28

D. Dreilinger and A. Howe (1997) Experiences with selecting search engines using metasearch. *ACM Trans. on Information Syst.* 15(3):195–222, 1997. DOI: 10.1145/256163.256164 40, 85

C. Dwork, R. Kumar, M. Naor, and D. Sivakumar. (2001) Rank aggregation methods for the Web. In *Proc. 10th Int. World Wide Web Conf.*, pages 613–622, 2001. 100

D. W. Embley, Y. Jiang, and Y-K. Ng. (1999) Record-boundary discovery in Web-documents. In *Proc. ACM SIGMOD Int. Conf. on Management of Data*, pages 467–478, 1999. DOI: 10.1145/304181.304223 74, 76

Y. Fan and S. Gauch. (1999) Adaptive agents for information gathering from multiple, distributed information sources. In *Proc. AAAI Symp. on Intelligent Agents in Cyberspace*, pages 40–46, 1999. DOI: 10.1145/371920.372165 41

E. A. Fox and J. A. Shaw. (1994) Combination of multiple searches In *Proc. The 2nd Text Retrieval Conf.*, pages 243–252, 1994. 93

W. Frakes and R. Baeza-Yates. (1992) *Information Retrieval: Data Structures and Algorithms*. Prentice-Hall, 1992. 5

S. Gauch, G. Wang, and M. Gomez. (1996) Profusion: Intelligent fusion from multiple, distributed search engines. *Journal of Universal Computer Science* 2(9):637–649, 1996.

DOI: 10.3217/jucs-002-09-0637 41, 85, 86

L. Gravano, C-C. K. Chang, and H. Garcia-Molina. (1997) STARTS: Stanford proposal for internet meta-searching. In *Proc. ACM SIGMOD Int. Conf. on Management of Data*, pages 207–218, 1997. DOI: 10.1145/253260.253299 34, 57

L. Gravano and H. Garcia-Molina. (1995) Generalizing gloss to vector-space databases and broker hierarchies. International In *Proc. 21th Int. Conf. on Very Large Data Bases*, pages 78–89, 1995. 49

T. Haveliwala. (1999) Efficient computation of PageRank. *Technical Report*. Department of Computer Science, Stanford University, Stanford, California, 1999. 16, 17

D. Hiemstra. (2008) Amit Singhal revealed exact formula of Google's ranking at Retrieval Conference in Glasgow. Available at `http://www.sigir.org/sigir2007/news/20080401singhal.html`, 2008. Accessed November 3, 2010. 32

A. Hogue and D. Karger. (2005) Thresher: Automating the unwrapping of semantic content from the World Wide Web. In *Proc. 14th Int. World Wide Web Conf.*, pages 86–95, 2005. DOI: 10.1145/1060745.1060762 70, 72

C. Hsu and M. Dung. (1998) Generating finite-state transducers for semistructured data extraction from the Web. *Information Systems*, 23(8):521–538, 1998. DOI: 10.1016/S0306-4379(98)00027-1 70

P. G. Ipeirotis and L. Gravano. (2002) Distributed search over the hidden Web: hierarchical database sampling and selection. In *Proc. 28th Int. Conf. on Very Large Data Bases*, pages 394–405, 2002. DOI: 10.1016/B978-155860869-6/50042-1 58, 59

P. G. Ipeirotis, A. Ntoulas, J. Cho, and L. Gravano. (2007) Modeling and managing changes in text databases. *ACM Trans. Database Syst.* 32(3), article 14, 2007. DOI: 10.1145/1272743.1272744 104

B. Kahle and A. Medlar. (1991) An information system for corporate users: wide area information servers. *ConneXions – The Interoperability Report*, 5(11):2–9, 1991. 39

M. Koster. (1994) Aliweb: Archie-like indexing in the Web. *Computer Networks and ISDN Systems* 27(2):175–182, 1994. DOI: 10.1016/0169-7552(94)90131-7 38

N. Kushmerick. (1997) *Wrapper Induction for Information Extraction* Ph.D. thesis, Department of Computer Science and Engineering, University of Washington, Seattle, Washington, 1997. 70

N. Kushmerick, D. Weld, and R. Doorenbos. (1997) Wrapper induction for information extraction. In *Proc. 15th Int. Joint Conf. on AI*, pages 729–735, 1997. 70

A. Laender, B. Ribeiro-Neto, A. da Silva, and J. Teixeira. (2002) A brief survey of Web data extraction tools. *ACM SIGMOD Rec.*, 31(2):84–93, 2002. DOI: 10.1145/565117.565137 69

S. Lawrence and C. Lee Giles. (1998) Inquirus, the NECI meta search engine. In *Proc. 7th Int. World Wide Web Conf.*, pages 95–105, 1998. DOI: 10.1016/S0169-7552(98)00095-6 87, 88, 89

J. Lee. (1997). 1997 Analyses of multiple evidence combination. In *Proc. 20th Annual Int. ACM SIGIR Conf. on Research and Development in Information Retrieval*, pages 267–276, 1997. DOI: 10.1145/258525.258587 28, 93, 95

K. Liu, W. Meng, J. Qiu, C. Yu, V. Raghavan, Z. Wu, Y. Lu, H. He, and H. Zhao. (2007) AllInOneNews: Development and evaluation of a large-scale news metasearch engine. In *Proc.*

ACM SIGMOD Int. Conf. on Management of Data, Industrial track, pages 1017–1028, 2007. DOI: 10.1145/1247480.1247601 56, 80

K. Liu, C. Yu, and W. Meng. (2002) Discovering the representative of a search engine. In *Proc. Int. Conf. on Information and Knowledge Management*, pages 652–654, 2002a. DOI: 10.1145/584792.584909 52

K. Liu, C. Yu, W. Meng, W. Wu, and N. Rishe. (2002) A statistical method for estimating the usefulness of text databases. *IEEE Trans. Knowl. and Data Eng.*, 14(6):1422–1437, 2002b. DOI: 10.1109/TKDE.2002.1047777 59

W. Liu, X. Meng, and W. Meng. (2010) ViDE: A vision-based approach for deep Web data extraction. *IEEE Trans. Knowl. and Data Eng.*, 22(3):447–460, 2010. DOI: 10.1109/TKDE.2009.109 74, 82

Y. Lu, W. Meng, L. Shu, C. Yu, and K. Liu. (2005) Evaluation of result merging strategies for metasearch engines. In *Proc. 6th Int. Conf. on Web Information Systems Eng.*, pages 53–66, 2005. DOI: 10.1007/11581062_5 91

J. Madhavan, S. Cohen, X. Dong, A. Halevy, A. Jeffery, D. Ko, and C. Yu. (2007) Web-scale data integration: You can afford to pay as you go. In *Proc. 3rd Biennial Conf. on Innovative Data Systems Research*, pages 342–350, 2007. 105

J. Madhavan, D. Ko, L. Kot, V. Ganapathy, A. Rasmussen, and A. Y. Halevy. (2008) Google's deep Web crawl. In *Proc. 34th Int. Conf. on Very Large Data Bases*, pages 1241–1252, 2008. DOI: 10.1145/1454159.1454163 27

U. Manber and P. Bigot. (1997) The Search broker. In *Proc. 1st USENIX Symp. on Internet Tech. and Systems*, pages 231–239, 1997. 39

U. Manber and P. Bigot. (1998) Connecting diverse Web search facilities. *Data Engineering Bulletin*, 21(2):21–27, 1998. 39

B. B. Mandelbrot. (1988) *Fractal Geometry of Nature.* W. H. Freeman & Co, 1988. 59

C. D. Manning, P. Raghavan, and H. Schultze. (2008) *Introduction to Information Retrieval.* Cambridge University Press, 2008. 5

W. Meng, K. Liu, C. Yu, X. Wang, Y. Chang, and N. Rishe. (1998) Determine text databases to search in the internet. In *Proc. 24th Int. Conf. on Very Large Data Bases*, pages 14–25, 1998. 52

W. Meng, K. Liu, C. Yu, W. Wu, and N. Rishe. (1999) Estimating the usefulness of search engines. In *Proc. 15th Int. Conf. on Data Engineering*, 146–153, 1999a. DOI: 10.1109/ICDE.1999.754917 53

W. Meng, Z. Wu, C. Yu, and Z. Li. (2001) A highly-scalable and effective method for metasearch. *ACM Trans. Information Syst.*, 19(3):310–335, 2001. DOI: 10.1145/502115.502120 56

W. Meng and C. Yu. (2010) Web Search Technologies for Text Documents. In H. Bidgoli, editor, *The Handbook of Technology Management*, Volume 3, article 31, Wiley Publishers, 2010. 98

W. Meng, C. Yu, and K. Liu. (1999) Detection of heterogeneities in a multiple text database environment. In *Proc. Int. Conf. on Cooperative Information Systems*, pages 22–33, 1999b. DOI: 10.1109/COOPIS.1999.792150 31, 53

W. Meng, C. Yu, and K. Liu. (2002) Building efficient and effective metasearch engines. *ACM*

Comput. Surv., 34(1):48–89, 2002. DOI: 10.1145/505282.505284 31, 37, 39, 88

R. Motwani and P. Raghavan. (1995) *Randomized Algorithms.* Cambridge University Press, 1995. 16

M. H. Montague and J. A. Aslam. (2002) Condorcet fusion for improved retrieval. In *Proc. Int. Conf. on Information and Knowledge Management*, pages 538–548, 2002. DOI: 10.1145/584792.584881 99

H. Moulin. (1988) *Axioms of Cooperative Decision Making.* Cambridge University Press, 1988. 99

I. Muslea, S. Minton, and C. A. Knoblock. (1999) A hierarchical approach to wrapper induction. In *Proc. Int. Conf. on Autonomous Agents*, pages 190–197, 1999. DOI: 10.1145/301136.301191 70

Standards Committee BC / Task Group 3. (2006) *NISO Metasearch Initiative: Metasearch XML Gateway Implementers Guide (Version 1.0).* NISO Press, 2006. Available at `http://www.niso.org/publications/rp/RP-2006--02.pdf`. Accessed on November 3, 2010. 35

National Information Standards Organization. (2006a) *Collection Description Specification.* NISO Press, 2006a. Available at `http://www.niso.org/workrooms/mi/Z39--91-DSFTU.pdf`. Accessed on November 3, 2010. 35, 36

National Information Standards Organization. (2006b) *Information Retrieval Service Description Specification.* NISO Press, 2006b. Available at `http://www.niso.org/workrooms/mi/Z39--92-DSFTU.pdf`. Accessed on November 3, 2010. 35

L. Page, S. Brin, R. Motwani, and T. Winograd. (1998) The PageRank citation ranking: Bring order to the Web. Technical Report, Department of Computer Science, Stanford University, Stanford, California, 1998. 14, 16, 100

J. M. Ponte and W. B. Croft. (1998) A language modeling approach to information retrieval. In *Proc. 21st Annual Int. ACM SIGIR Conf. on Research and Development in Information Retrieval*, pages 275–281, 1998. DOI: 10.1145/290941.291008 8

D. Quan, D. Huynh, and D. R. Karger. (2003) Haystack: A platform for authoring end user semantic Web applications. In *Proc. 2nd Int. Semantic Web Conf.*, pages 738–753, 2003. DOI: 10.1007/978-3-540-39718-2_47 72

S. Raghavan and H. Garcia-Molina. (2001) Crawling the hidden Web. In *Proc. 27th Int. Conf. on Very Large Data Bases*, pages 129–138, 2001. 27

Y. Rasolofo, D. Hawking, and J. Savoy. (2003) Result merging strategies for a current news metasearcher. *Information Proc. & Man.*, 39(4):581–609, 2003. DOI: 10.1016/S0306-4573(02)00122-X 88, 90, 94

S. E. Robertson and K. Sparck Jones. (1976) Relevance weighting of search terms. *J. American. Soc. for Information Sci. & Tech.*, 27:129–146, 1976. DOI: 10.1002/asi.4630270302 8

S. E. Robertson and S. Walker. (1999) Okapi/Keenbow at TREC-8. In *Proc. The 8th Text Retrieval Conf.*, pages 151–161, 1999. 8

G. Salton and M. J. McGill. (1983) *Introduction to Modern Information Retrieval.* McGraw-Hill, 1983. 5, 7

G. Salton. (1989) *Automatic Text Processing: The Transformation, Analysis, and Retrieval of Information by Computer*. Addison Wesley, 1989. 32

E. Selberg and O. Etzioni. (1997) The metacrawler architecture for resource aggregation on the Web. *IEEE Expert*, 12(1):8–14, 1997. DOI: 10.1109/64.577468 85

M. Shokouhi. (2007) Central-rank-based collection selection in uncooperative distributed information retrieval. In *Proc. 29th European Conf. on IR Research*, pages 160–172, 2007. DOI: 10.1007/978-3-540-71496-5_17 45, 46

M. Shokouhi and J. Zobel. (2009) Robust result merging using sample-based score estimates. *ACM Trans. Information Syst.*, 27(3):1–29, 2009. DOI: 10.1145/1508850.1508852 96

M. Shokouhi and L. Si. Federated Search. *Foundations and Trends in Information Retrieval*, 2011 (in press). 21, 43, 59

L. Si and J. Callan. (2003) A semisupervised learning method to merge search engine results. *ACM Trans. Information Syst.*, 21(4):457–491, 2003a. DOI: 10.1145/944012.944017 85

L. Si and J. Callan. (2003) Relevant document distribution estimation method for resource selection. In *Proc. 26th Annual Int. ACM SIGIR Conf. on Research and Development in Information Retrieval*, pages 298–305, 2003b. DOI: 10.1145/860435.860490 43, 44

L. Si and J. Callan. (2004) Unified utility maximization framework for resource selection. In *Proc. Int. Conf. on Information and Knowledge Management*, pages 32–41, 2004. DOI: 10.1145/1031171.1031180 44

C. Silverstein, M. Henzinger, H. Marais, and M. Moriciz. (1999) Analysis of a very large Web search engine query log. *ACM SIGIR Forum*, 33:6–12, 1999. DOI: 10.1145/331403.331405 4

K. Simon and G. Lausen. (2005) ViPER: Augmenting automatic information extraction with visual perceptions. In *Proc. Int. Conf. on Information and Knowledge Management*, pages 381–388, 2005. DOI: 10.1145/1099554.1099672 74

W. Su, J. Wang, and F. H. Lochovsky. (2009) ODE: Ontology-assisted data extraction. *ACM Trans. Database Syst.*, 34(2), article 12, 2009. DOI: 10.1145/1538909.1538914 74, 80, 104

A. Sugiura and O. Etzioni. (2000) Query routing for Web search engines: Architecture and experiments. In *Proc. 9th Int. World Wide Web Conf.*, pages 417–429, 2000. DOI: 10.1016/S1389-1286(00)00059-1 39

K-C. Tai. (1979) The tree-to-tree correction problem. *J. ACM*, 26(3):422–433, 1979. DOI: 10.1145/322139.322143 72

T. Tsikrika and M. Lalmas. (2001) Merging techniques for performing data fusion on the Web. In *Proc. Int. Conf. on Information and Knowledge Management*, pages 127–134, 2001. DOI: 10.1145/502585.502608 89, 98

H. Turtle and W. B. Croft. (1991) Evaluation of an inference network-based retrieval model. *ACM Trans. Information Syst.*, 9(3):8–14, 1991. DOI: 10.1145/125187.125188 48

H. Turtle and J. Flood. (1995) Query evaluation: Strategies and optimizations. *Information Proc. & Man*, 31:831–850, 1995. DOI: 10.1016/0306-4573(95)00020-H 9, 10

B. Ussery. (2008) Google – average number of words per query have increased! 2008. Available at http://www.beussery.com/blog/index.php/2008/02/google-average-

`number-of-words-per-query-have-increased/`. Accessed on November 3, 2010. 4

C. C. Vogt and G. W. Cottrell. (1999) Fusion via a linear combination of scores. *Information Retrieval*, 1(3):151–173, 1999. DOI: 10.1023/A:1009980820262 93

E. M. Voorhees, N. Gupta, and B. Johnson-Laird. (1995) Learning collection fusion strategies. In *Proc. 18th Annual Int. ACM SIGIR Conf. on Research and Development in Information Retrieval*, pages 172–179, 1995. DOI: 10.1145/215206.215357 40, 94

E. M. Voorhees and D. K. Harman. (2005) *TREC: Experiment and Evaluation in Information Retrieval*. The MIT Press, 2005. 11

J. Wang and F. H. Lochovsky. (2003) Data extraction and label assignment for Web databases. In *Proc. 12th Int. World Wide Web Conf.*, pages 187–196, 2003. DOI: 10.1145/775152.775179 73, 81

Y. Wang and D. DeWitt. (2004) Computing PageRank in a distributed internet search engine system. In *Proc. 30th Int. Conf. on Very Large Data Bases*, pages 420–431, 2004. 30

Z. Wu, W. Meng, C. Yu, and Z. Li. (2001) Towards a highly-scalable and effective metasearch engine. In *Proc. 10th Int. World Wide Web Conf.*, pages 386–395, 2001. DOI: 10.1145/371920.372093 55

Z. Wu, V. Raghavan, H. Qian, V. Rama K, W. Meng, H. He, and C. Yu. (2003) Towards automatic incorporation of search engines into a large-scale metasearch engine. In *Proc. IEEE/WIC Int. Conf. Web Intelligence*, pages 658–661, 2003. DOI: 10.1109/WI.2003.1241290 65

J. Xu and J. Callan. (1998) Effective retrieval with distributed collections. In *Proc. 21st Annual Int. ACM SIGIR Conf. on Research and Development in Information Retrieval*, pages 112–120, 1998. DOI: 10.1145/290941.290974 49

J. Xu and W. B. Croft. (1996) Query expansion using local and global document analysis. In *Proc. 19th Annual Int. ACM SIGIR Conf. on Research and Development in Information Retrieval*, pages 4–11, 1996. DOI: 10.1145/243199.243202 49

Y. Yang and H. Zhang. (2001) HTML page analysis based on visual cues. In *Proc. 6th Int. Conf. Document Analysis and Recognition*, pages 859–864, 2001. DOI: 10.1109/ICDAR.2001.953909 74

C. Yu, K. Liu, W. Meng, Z. Wu, and N. Rishe. (2002) A methodology to retrieve text documents from multiple databases. *IEEE Trans. Knowl. and Data Eng.*, 14(6):1347–1361, 2002. DOI: 10.1109/TKDE.2002.1047772 54, 88

C. Yu, W. Meng, K. Liu, W. Wu, and N. Rishe. (1999) Efficient and effective metasearch for a large number of text databases. In *Proc. Int. Conf. on Information and Knowledge Management*, pages 217–224, 1999. DOI: 10.1145/319950.320005 88

C. Yu and G. Salton. (1976) Precision weighting – an effective automatic indexing method. *J. ACM*, 23:76–88, 1976. DOI: 10.1145/321921.321930 8

B. Yuwono and D. Lee. (1997) Server ranking for distributed text resource systems on the internet. In *Proc. 5th Int. Conf. on Database Systems for Advanced Applications*, pages 391–400, 1997. 46, 95

C. Zhai and J. Lafferty. (2004) A study of smoothing methods for language models applied to information retrieval. ACM *Trans. Information Syst.*,22:179–214,2004.DOI:10.1145/984321.9843228

Y. Zhai and B. Liu. (2006) Structured data extraction from the Web based on partial tree alignment. *IEEE Trans. Knowl. and Data Eng.*, 18(12):1614–1628, 2006. DOI: 10.1109/TKDE.2006.197 74, 82

H. Zhao, W. Meng, Z. Wu, V. Raghavan, and C. Yu. (2005) Fully automatic wrapper generation for search engines. In *Proc. 14th Int. World Wide Web Conf.*, pages 66–75, 2005. DOI: 10.1145/1060745.1060760 74, 76, 78, 79

H. Zhao, W. Meng, and C. Yu. (2006) Automatic extraction of dynamic record sections from search engine result pages. In *Proc. 32nd Int. Conf. on Very Large Data Bases*, pages 989–1000, 2006. 104

P. M. Zillman. (2009) *Deep Web Research 2010*. 2009. Available at `http://www.llrx.com/features/deepweb2010.htm`. Accessed on November 3, 2010. 1